SAMMLUNG GÖSCHEN BAND 1132

ÜBERSPANNUNGEN UND ÜBERSPANNUNGSSCHUTZ

Von

Dr.-Ing. Gerhard Frühauf

in Ludwigshafen a. Rh.

Mit 98 Abbildungen

Durchgesehener Neudruck

Walter de Gruyter & Co.

vormals G. J. Göschensche Verlagshandlung · J. Guttentag, Verlagsbuchhandlung · Georg Reimer · Karl J. Trübner · Veit & Comp.

Berlin 1950

Archiv-Nr. 11 11 32
Druck von Walter de Gruyter & Co., Berlin W 35
Printed in Germany

Inhaltsverzeichnis.

Schrifttum.

Wegen der Vielseitigkeit des Stoffes sind zusammenfassende, dem heutigen Stand der Technik entsprechende Darstellungen in Buchform nicht erschienen. Das sehr umfangreiche Schrifttum ist vielmehr fast ausschließlich in den Fachzeitschriften, Tagungsberichten, Firmendruckschriften und Dissertationsschriften etwa der letzten 20 Jahre enthalten. Die wichtigsten Zeitschriften und Berichte sind:

Inländische Zeitschriften:

Archiv für Elektrotechnik
Elektrotechnische Zeitschrift
Elektrizitätswirtschaft
Elektrotechnik und Maschinenbau
Zeitschrift für technische Physik.

Ausländische Zeitschriften:

Electrical Engineering
Transactions of the A J E E
Electrical World
General Electric Review
Electric Journal
Bulletin des Schweizer E. V.
Revue Générale de l'Electricité.

Firmenzeitschriften:

AEG-Mitteilungen
Siemens-Zeitschrift
BBC-Mitteilungen
Ericsson Review.

Berichte:

VDE-Fachberichte
Berichte der CJGRE (Internat. Hochspannungskonferenz, Paris 1935 und 1937)
Technische Mitteilungen der Studiengesellschaft für Höchstspannungsanlagen e. V.

A. Art und Entstehung von Überspannungen.

„Überspannung ist jede erhöhte Spannung, die den Bestand oder Betrieb einer elektrischen Anlage gefährden kann. Überspannungsschutzgeräte sind Einrichtungen, die verhindern sollen, daß die Isolation einer Anlage höhere elektrische Beanspruchungen erfährt als sie aushalten kann." (VDE)

Nach der Entstehungsursache unterscheidet man meist Schaltüberspannungen und solche atmosphärischen Ursprungs. Dabei sind unter Schaltüberspannungen nicht nur solche zu verstehen, die bei absichtlichen betriebsmäßigen Schaltvorgängen vorkommen können, wie z. B. beim Unterbrechen des Stromes in einem induktiven Stromkreis, sondern auch unbeabsichtigte Änderungen im Netzzustand, wie Leiterbruch, Erdschluß infolge fehlerhafter Isolation u. a.

Von den atmosphärischen Überspannungen ist die ungefährlichste Form die allmähliche statische Aufladung eines hochisolierten Netzteiles im luftelektrischen Feld. Ein Schutz ist in einfachster Weise durch hochohmige Erdungswiderstände, wie z. B. die früher gebräuchlichen Wasserstrahlerder, möglich. Heute spielt die Aufladung keine Rolle mehr, da praktisch alle Netze über Erdschlußspulen, Spannungswandler oder andere Meßeinrichtungen irgendwo leitend mit Erde verbunden sind.

Weit gefährlicher sind die durch Blitzschläge erzeugten Überspannungen, die auch dann gefährliche Höhe annehmen, wenn der Blitz nicht unmittelbar die Leitung trifft, sondern nur in ihrer Nähe niedergeht und dadurch eine plötzliche Feldverlagerung bewirkt.

Wenn auch der Weg als unmöglich erkannt wurde, das Netz durch immer weitere Erhöhung der Isolation unempfindlich selbst gegen direkte Blitzeinschläge zu machen, so wurde doch insbesondere während der letzten 10 Jahre eine große Zahl von Einrichtungen erdacht und erprobt, welche in richtiger Anwendung die Betriebsstörungen auf einen Bruchteil herabsetzen. Grundsatz des Überspannungsschutzes muß es auch sein, zunächst die Ursache und erst in zweiter Linie die schädlichen Folgen zu bekämpfen.

Unterlagen für die Entstehung und den Verlauf der Überspannungsvorgänge lieferte die Meßtechnik mittels besonderer Geräte, die eigens zur Auswertung der durch ihr unerwartetes Auftreten und ihre meist sehr kurze Dauer so schwer erfaßbaren Störungen entwickelt wurden. Sie sind daher in einem Abschnitt besonders behandelt.

B. Schaltüberspannungen.

Aus den Betriebsbedingungen von Hochspannungsnetzen ergeben sich die verschiedenartigsten Möglichkeiten zur Entstehung von mehr oder weniger gefährlichen Überspannungen. Nur einige der häufigsten können hier erwähnt werden.

Jede Schalthandlung, d. h. der Übergang von einem stabilen Betriebszustand in einen anderen, ist von Ausgleichvorgängen begleitet, die für die Isolation einer Anlage gefährlich werden können. Schon beim Einschalten einer Leitung entsteht eine von der Schaltstelle ausgehende Wanderwelle (vgl. Abschn. C), deren steiler Spannungsanstieg eine erhöhte Spannungsbeanspruchung für die Windungsisolation der mit der Leitung verbundenen Wicklungen von Maschinen, Relais usw. darstellt. Genau wie diese Ladewelle kann auch eine Entladewelle wirken. Entladewellen laufen z. B. vom Schalter aus rückwärts auf den schon unter Spannung stehenden Leitungsteilen. Besonders steile Entladewellen entstehen bei einem Überschlag, z. B. von der Leitung oder vom Sternpunkt eines Transformators nach Erde. Bei Prüftransformatoren wird ihre Wirkung häufig durch Vorwiderstände gemildert.

Beim Abschalten leerlaufender Leitungen treten durch Rückzündungen während der Kontakttrennung Überspannungen auf, die besonders bei geringer Schaltgeschwindigkeit sich oft wiederholen und große Höhe erreichen. Der der Spannung voreilende Ladestrom wird in seinem Nulldurchgang unterbrochen, während die Spannung eben ihren Höchstwert hat. Mit diesem Spannungswert bleibt die Leitung zunächst aufgeladen, während sich die des speisenden Netzes sinusförmig ändert (Abb. 1a). Nach einer Halbperiode hat daher die Spannungsdifferenz über den Schaltkontakten den doppelten Wert der normalen Netzspannung. Spätestens in diesem Augenblick oder schon früher tritt eine Rückzündung im Schalter auf, wobei sich ein Einschaltvorgang abspielt,

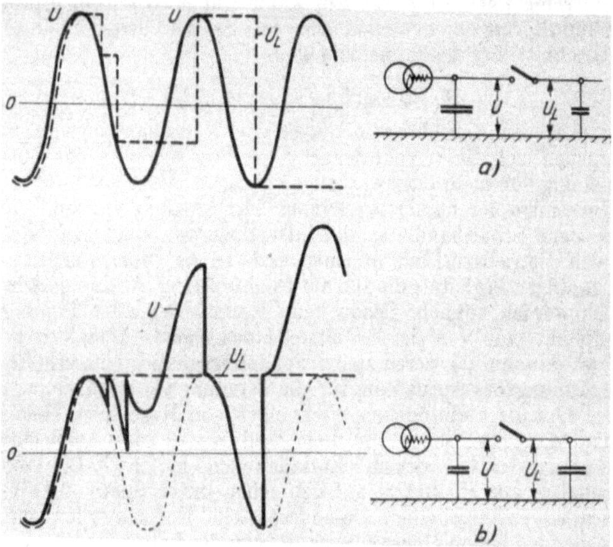

Abb. 1. Abschalten einer leerlaufenden Leitung.
a) Verbleibende Netzkapazität groß, b) verbleibende Netzkapazität klein gegenüber der Kapazität des abgetrennten Leitungsstückes.

bei dem die Schaltspannung doppelt so groß als bei der normalen Einschaltung ist und der sich in kurzen Abständen oft wiederholen kann. — Ist die Leitungskapazität erheblich größer als die des zurückbleibenden speisenden Netzes, so wächst die Rückzündspannung zu hohen Werten an (Abb. 1b), die das Abschalten erschweren. — Die Leeraus- und -einschaltung machte anfänglich noch solche Schwierigkeiten, daß in Einzelfällen die abzuschaltende Leitung erst über einen

Drehtransformator allmählich „aberregt" wurde, bis die Schaltung vorgenommen werden konnte.

Induktive Kreise liefern beim plötzlichen Unterbrechen des durchfließenden Stromes stets Überspannungen, indem sich die aufgespeicherte magnetische Energie $\frac{1}{2} LJ^2$ in elektrostatische Ladungsenergie $\frac{1}{2} CU^2$ umsetzt. Ist die auffangende Kapazität C klein (Sammelschienen, Schalterkontakte allein), so wird die in Form einer Schwingung mit der Frequenz $f = \frac{1}{2\pi \sqrt{LC}}$ ansteigende Spannung entsprechend hoch. In Niederspannungskreisen ist es daher oft vorteilhaft, den Schalter durch einen Kondensator zu überbrücken. — Die zu plötzliche Stromunterbrechung kann auf mancherlei Art bewirkt werden. Die beim Abschalten leerlaufender Transformatoren gelegentlich beobachteten Überspannungen sind durch die starke Kühlung des stromschwachen Unterbrechungslichtbogens im Öl bedingt. Hierbei wird die letzte Stromhalbwelle verkürzt und damit die Änderungsgeschwindigkeit di/dt des Stromes so vergrößert, daß Überspannungen $L \cdot di/dt$ bis zum Überschlag an den Durchführungen vorkommen.

Ähnlich liegt der Fall beim Abschalten eines Doppelerdschlusses unter der Voraussetzung, daß von dem speisenden Transformator keine weitere Leitung als die mit dem Doppelerdschluß behaftete abgeht und daß am Sternpunkt des Transformators eine Erdschlußspule sitzt. Die Unterbrechung durch den Schalter erfolgt im Nulldurchgang des äußeren Kurzschlußstromes. Im gleichen Zeitpunkt hat aber der auch über den Schalter fließende Spulenstrom seinen Scheitelwert, dessen plötzliche Unterbrechung bei der großen magnetischen Energie der Spule einen Überschlag am Sternpunkt oder auch an den Transformatorklemmen bewirken kann. Abhilfe ist durch einen Ableiter am Sternpunkt oder entsprechende Netzschaltung leicht möglich.

Eine plötzliche Stromunterbrechung tritt auch in Quecksilberdampfgleichrichtern zuweilen auf, wenn sie zu stark gekühlt sind. Der Schutz besteht zunächst in einer Regelung der Temperatur, besonders bei der Inbetriebsetzung, und gegebenenfalls in der Anbringung von Ableitern oder Kondensatoren am Transformator und an der Saugdrossel.

Oberwellen in der Spannungskurve sind häufig die Ursache von Resonanzüberspannungen oder Kipperscheinungen. Sie entstehen z. B. an der offenen Phase eines Generators im einphasigen Kurzschluß. Arbeitet der Generator auf ein schwach belastetes Netz großer Kapazität, so entstehen Überspannungen, die um so gefährlicher werden, je besser sich die Oberwellen des magnetischen Flusses im Generator ausbilden können.

Eine wichtige Rolle spielt auch die 3. Harmonische im Magnetisierungsstrom von Transformatoren. Bei Stern/Stern-Schaltung kann diese im Strom nicht auftreten, wenn nicht eine besondere Sternpunktverbindung zur Stromquelle vorhanden ist. Fehlt die 3. Harmonische aber im Strom, so muß sie in der Spannungskurve auftreten, und zwar gleichphasig in allen drei Phasenspannungen. Ist nun der Sternpunkt des Transformators geerdet, wie z. B. bei 3-phasigen Erdungsdrosselspulen, so steht der aus der Induktivität der 3 parallelen Schenkel und der gesamten Erdkapazität des Netzes gebildete Schwingungskreis unter einer Spannung 3-facher Frequenz. Je nach den zufälligen Netzdaten können daraus Resonanzüberspannungen oder Kipperscheinungen entstehen, welche das ganze Netz in Mitleidenschaft ziehen, ohne dabei in der verketteten Spannung meßbar zu sein.

Es gibt auch eine Reihe von Fällen, wo Spannungserhöhungen mit Netzfrequenz eintreten, die dann natürlich nicht mit den üblichen Überspannungs-Schutzgeräten zu verhindern sind. — So wird z. B. ein mit einem Netz höherer Spannung durch einen Spartransformator verbundenes Netz auf ein Potential von gefährlicher Höhe gehoben, wenn das Oberspannungsnetz Erdschluß bekommt. Allzu große Übersetzungsverhältnisse von Spartransformatoren sind daher zu vermeiden.

Arbeitet ein Generator mit einem Transformator als Einheit zusammen, so steigt die Spannung bei plötzlicher Entlastung des Transformators stark an. Auch die Form der

Spannungskurve bleibt dabei nicht erhalten; bei der flachen Magnetisierungskurve moderner Turbogeneratoren tritt bei Entlastung eine äußerst hohe Sättigung auf, die die Kurvenform völlig verändert. Die hohen Spitzen in der Spannungskurve beanspruchen die Isolation der Wicklungen gegen Erde; ferner können Wicklungsteile infolge der hohen Oberwellen-Frequenz zu Eigenschwingungen in Resonanz angeregt werden.

Recht unangenehme Vorgänge können sich bei einpoliger Unterbrechung in einem Drehstromsystem, also z. B. bei Leiterbruch oder beim einpoligen Durchschmelzen einer Sicherung, einstellen. Es bildet sich ein Schwingungskreis, bestehend aus der Erdkapazität des am Transformator verbleibenden Stückes der unterbrochenen Leitung, aus der Induktivität

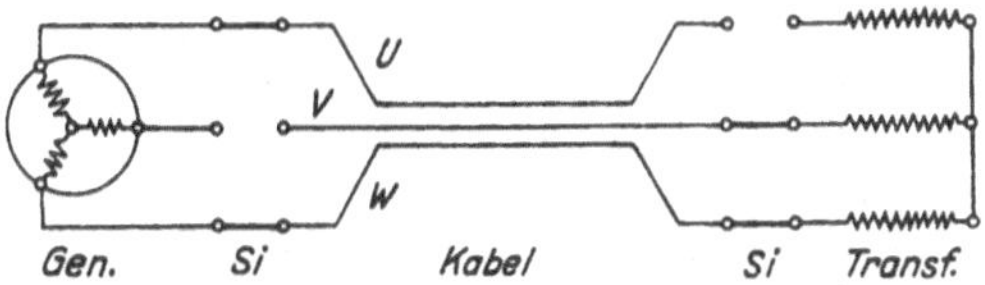

Abb. 2. Überspannungserregung durch einpolige Unterbrechungen.

der Wicklung und der Erdkapazität des übrigen Netzes, dessen Eigenfrequenz sehr wohl in der Nähe der Netzfrequenz liegen kann, wenn das freie Leitungsende nicht zu kurz ist. Bei Spannungswandlern genügen wegen ihrer hohen Leerlaufinduktivität manchmal schon wenige Meter Leitung zur Hervorrufung der Resonanz bei einpoligem Schalten. Im Falle des in Abb. 2 dargestellten Doppelfehlers wurden am Modellversuch zwischen *U* und *V* Überspannungen bis zur neunfachen Betriebsspannung gemessen. Eine weitere Folge des Leiterbruches ist das Umklappen des Spannungsdreieckes, also Umkehrung der Phasenfolge und der Drehrichtung der angeschlossenen Motoren. — Um diese Folgen beim Durchschmelzen einer Sicherung zu vermeiden, werden neuerdings vielfach die Sicherungen mit dem Auslösegestänge eines Leistungsschalters so verbunden, daß schon beim Durchbrennen einer einzigen Sicherung der Schalter 3-polig unterbricht. Zur Betätigung der Auslösung dient dabei das zweckmäßig ausgebildete Abschmelzkennzeichen der Sicherung.

Ein bekannter Überspannungserreger ist der aussetzende Erdschluß, der in Netzen mit isoliertem Nullpunkt auftreten kann. Seine Entstehung beruht darauf, daß der zunächst über die Erdschluß-Fehlerstelle fließende Strom im Stromnulldurchgang, d. h. im Scheitelwert der Spannung, abreißt, so daß eine Gleichspannung von der Höhe der Phasenspannung auf dem Netz liegen bleibt. Spätestens $^1/_2$-Periode später wird unter der nun herrschenden doppelten Phasenspannung ein neuer Überschlag erfolgen, welcher beim Erlöschen im Nulldurchgang nunmehr die doppelte Phasenspannung als Gleichspannung im Netz zurückläßt u. s. f. Durch die Ableitungsverluste wird die Netzüberspannung gegen Erde in der kranken Phase praktisch auf das 4-fache, in den gesunden auf das etwa 4,5-fache der Phasenspannung begrenzt. Außer der Spannungshöhe selbst sind hieran noch die Begleiterscheinungen gefährlich, nämlich die im Abstand von $^1/_2$-Periode einander folgenden, sehr steilen Lade- und Entladewellen und der sich zu sehr großer Länge auseinanderziehende Lichtbogen, der meist zu einem Leitungskurzschluß führt. — Eine Beseitigung dieser Gefahren ist — außer durch Petersenspulen oder ähnliche Erdschluß-Löscheinrichtungen[1]) — auch durch Ableitungswiderstände möglich. Diese müssen dann so bemessen sein, daß sich die Netzkapazität über sie während $^1/_2$-Periode der Netzfrequenz weitgehend entladen kann. Für moderne Überspannungsableiter trifft dies im allgemeinen zu.

Schließlich seien noch die Spannungserhöhungen durch Leitungskopplung erwähnt, welche beim Erdschluß in einem von zwei nahe parallel geführten Leitungssystemen entstehen. Hat z. B. das gelöschte System 2 (Abb. 3) einen Erdschluß, so hebt sich sein Nullpunkt um die zugehörige Phasenspannung. Diese liegt nun zugleich auch an der Reihenschaltung der Koppelkapazität C_{12} mit der Netzkapazität C_{10}

[1]) Bezüglich der Erdschlußlöschung kann hier aus Raummangel nur auf die Literatur verwiesen werden, vgl. Sammlung Göschen, Bd. 940, S. 78; Bd. 1013, S. 25.

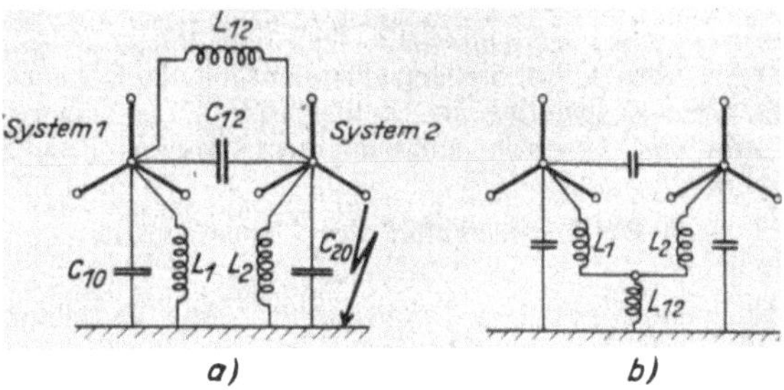

Abb. 3. Entkopplung parallel geführter Drehstromleitungen.

des Systems 1. C_{10} erhält somit eine Verlagerungsspannung von außen aufgedrückt, welche bei fester Kopplung (C_{12} groß gegen C_{10}) und großer Verschiedenheit der Betriebsspannungen beider Systeme sehr erheblich werden kann.

Es wird dann eine Entkopplung nötig, die z. B. nach Abb. 3a) durch die Drossel L_{12} bewirkt werden kann, welche mit C_{12} zusammen etwa auf Netzfrequenz abgestimmt wird. Ein Ladestrom nach C_{10} hin kann dann nicht mehr fließen. Technisch zweckmäßiger ist die Schaltung nach Abb. 3b), welche sich durch Übergang von Dreieck- auf Sternschaltung der Spulen ergibt. Sie enthält je eine Erdschlußspule L_1, L_2 für beide Systeme und die gemeinsame „Saugspule" L_{12}, die auch durch einen Zweiwicklungstransformator ersetzt sein kann.

C. Wanderwellen und Stoßspannungen.

Im Gegensatz zu den meisten der im Abschnitt B behandelten Erscheinungen sind die Gewitterüberspannungen anderer Natur. Sie verlaufen in Form von Wanderwellen entlang der Leitung und sind gekennzeichnet durch ihre endliche Fortpflanzungsgeschwindigkeit und ihre endliche räumliche Ausdehnung entlang des Leiters. Beide Merkmale treffen allerdings theoretisch auch auf die niederfrequenten Wechselströme zu, sie treten dort aber erst bei sehr großen Leitungslängen merklich in Erscheinung.

Die einfachsten Grundgesetze der Wanderwellen sind in

Abschn. C 1 für die einfachste Wellenform kurz behandelt, während Abschn. C 2 Meßergebnisse enthält. In C 3 wird das Verhalten der Isolation bei Stoßbeanspruchung beschrieben, C 4 gibt eine Übersicht über die heute angewandten Meßmethoden.

1. Die Eigenschaften der Wanderwellen.

a) Fortpflanzung.

Für eine verlustlose Doppelleitung (Abb. 4) gelten für die räumliche Änderung der Spannung bzw. des Stromes die Gleichungen

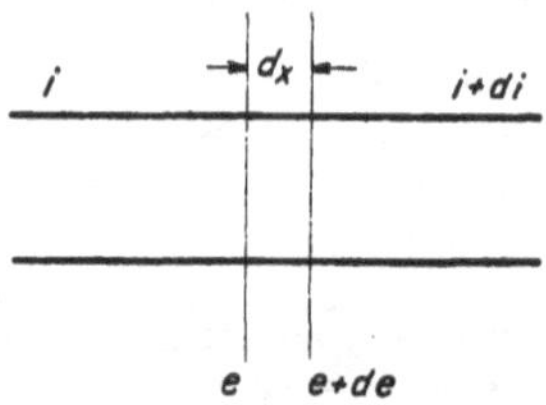

Abb. 4. Doppelleitung.

$$-\frac{\partial e}{\partial x} = L \cdot \frac{\partial i}{\partial t} \qquad 1)$$

bzw.

$$-\frac{\partial i}{\partial x} = C \, \frac{\partial e}{\partial t} \qquad 2)$$

wobei L bzw. C die Selbstinduktion bzw. Kapazität der Leitungsschleife je Längeneinheit bedeuten. Der einfachste Ansatz zur Lösung dieses — in vollständigerer Form als „Telegraphengleichung“ bezeichneten — Gleichungspaares ist entsprechend dem Ohmschen Gesetz

$$e = Z \cdot i \qquad 3)$$

Durch Einsetzen in Gl. 1) und 2) erhält man

$$Z = \pm \sqrt{\frac{L}{C}} \quad [\mathrm{Ohm}] \qquad 4)$$

Dieser Ausdruck, der „Wellenwiderstand“ der Leitung, gibt den Zusammenhang zwischen Strom und Spannung bei jedem beliebigen veränderlichen Zustand der Leitung. Der räumliche und zeitliche Verlauf von Spannung und Strom sind stets einander proportional.

Die Fortpflanzungsgeschwindigkeit ergibt sich durch Einsetzen von 3) und 4) in 2) zu

$$v = \frac{\partial x}{\partial t} = \pm \frac{1}{\sqrt{LC}} \qquad 5)$$

Mittlere Werte für L, C, Z, v vgl. Tafel 1.

Tafel 1.

Ausführung als	Freileitung	Kabel
L mH/km	1,67	0,33
C μF/km	0,0067	0,133
Z Ohm	500	50
v km/s	300000	150000

Bem.: Die angegebenen Werte für Z gelten für einen einzigen Leiter mit Erdrückleitung. Für n parallele Leiter gilt ein Gesamtwellenwiderstand $Z_n \simeq \frac{Z + (n-1)\,Z'}{n}$, worin Z der W. W. eines Leiters (etwa 500 Ohm), Z' der gegenseitige W. W. zweier Leiter des Systems (meist etwa 125 Ohm). Mit $n = 3$ wird z. B. $Z_n = 250$ Ohm, ein Wert, der bei induzierten Überspannungen in Drehstromleitungen eine Rolle spielt (s. Abschn. C 2).

Entsprechend den beiden Vorzeichen der Wurzeln in 4) und 5) existieren zwei Wellen: eine vorwärtslaufende $e_v = -Z \cdot i_v$, und eine rücklaufende $e_r = -Z \cdot i_r$, welche unter sich gleiche Form von Strom und Spannung besitzen und sich im allgemeinen additiv überlagern. Ihre Gestalt und Höhe ergibt sich aus den Randbedingungen.

b) Brechungsgesetze.

Die Wellenform bleibt auf der verlustlosen homogenen Leitung unverändert, solange der Wellenwiderstand der gleiche bleibt. An jedem Knotenpunkt, wo sich die Leitungsdaten ändern, entsteht aus der ursprünglichen Welle e_{v_1} eine neue weiterlaufende Welle e_{v_2} und eine rücklaufende Welle e_r. Beide können durch Aufstellung einer Spannungs- und einer Stromgleichung für den Knotenpunkt berechnet werden.

Beispiel: Übergang von Z_1 auf Z_2 (z. B. Freileitung auf Kabel), nach Abb. 5a:

$$e_{v1} + e_r = e_{v2} \ldots \text{ Spannungsgleichung}$$

$$\frac{e_{v1}}{Z_1} - \frac{e_r}{Z_1} = \frac{e_{v2}}{Z_2} \ldots \text{ Stromgleichung,}$$

hieraus

$$e_{v2} = \frac{2Z_2}{Z_2 + Z_1} \cdot e_{v1}, \quad e_r = \frac{Z_2 - Z_1}{Z_2 + Z_1} \cdot e_{v1} \qquad 6)$$

Die neuen Wellen haben gleiche Gestalt, aber eine andere Höhe als die ursprüngliche Welle e_{v1}.

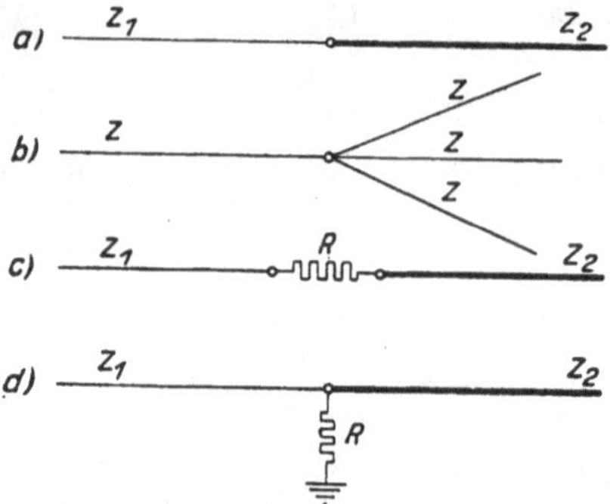

Abb. 5. Reflexion an einem Knotenpunkt.

Andere einfache Fälle:

Leitungsverzweigung mit n weitergehenden Leitungen gleichen Wellenwiderstandes (Abb. 5b):

$$e_{v2} = \frac{2}{1+n} \cdot e_{v1}, \quad e_r = \frac{1-n}{1+n} \cdot e_{v1} \qquad 7)$$

Reihenwiderstand am Knotenpunkt (Abb. 5c):

$$e_{v2} = \frac{2Z_2}{Z_2 + Z_1 + R} \cdot e_{v1}, \quad e_r = \frac{Z_2 - Z_1 + R}{Z_2 + Z_1 + R} \cdot e_{v1} \qquad 8)$$

Parallelwiderstand am Knotenpunkt (Abb. 5d):

$$e_{v2} = \frac{2 \cdot \frac{1}{Z_1}}{\frac{1}{Z_1} + \frac{1}{Z_2} + \frac{1}{R}} \cdot e_{v1}, \quad e_r = \frac{\frac{1}{Z_1} - \frac{1}{Z_2} - \frac{1}{R}}{\frac{1}{Z_1} + \frac{1}{Z_2} + \frac{1}{R}} \cdot e_{v1} \qquad 9)$$

c) Verformung durch L oder C.

Durch eine Induktivität L oder Kapazität C wird die Welle verformt. Es muß daher eine Annahme über die Form der ursprünglichen Welle e_{v1} gemacht werden. Die folgenden Brechungsformeln gelten für die einfachste Annahme, nämlich die „Rechteckwelle“ mit unendlich steilem Spannungsanstieg bis zum Wert E und anschließend unendlich langem waagerechtem Rücken. (Über andere Wellenformen s. weiter unten.) Wegen der Verformung der Welle muß in der Lösung eine Zeitfunktion auftreten.

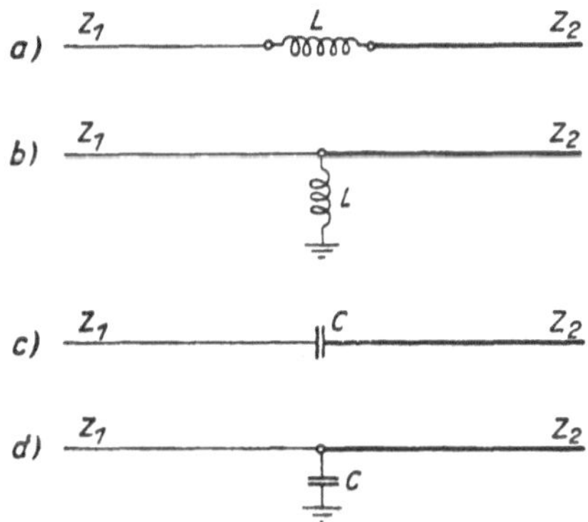

Abb. 6. Verformung an einem Knotenpunkt.

Reihendrossel am Knotenpunkt (Abb. 6a):

$$e_{v2} = \frac{2Z_2}{Z_1 + Z_2} \cdot E \left(1 - \varepsilon^{-\frac{t}{T}}\right), \quad \text{wobei } T = \frac{L}{Z_1 + Z_2}$$

$$e_r = E\left[1 - \frac{2Z_1}{Z_1 + Z_2}\left(1 - \varepsilon^{-\frac{t}{T}}\right)\right] \qquad 10)$$

Paralleldrossel am Knotenpunkt (Abb. 6b):

$$e_{v2} = \frac{2Z_2}{Z_1 + Z_2} \cdot E \cdot \varepsilon^{-\frac{t}{T}}, \quad \text{wobei } T = L \cdot \frac{Z_1 + Z_2}{Z_1\, Z_2}$$

$$e_r = -E \cdot \left(1 - \frac{2Z_2}{Z_1 + Z_2} \cdot \varepsilon^{-\frac{t}{T}}\right) \qquad 11)$$

Reihenkondensator am Knotenpunkt (Abb. 6c):

$$e_{v_2} = \frac{2Z_2}{Z_1 + Z_2} \cdot E \cdot \varepsilon^{-\frac{t}{T}}, \quad \text{wobei } T = C \cdot (Z_1 + Z_2)$$

$$e_r = E\left(1 - \frac{2Z_1}{Z_1 + Z_2} \cdot \varepsilon^{-\frac{t}{T}}\right) \qquad 12)$$

Parallelkondensator am Knotenpunkt (Abb. 6d):

$$e_{v_2} = \frac{2Z_2}{Z_1 + Z_2} \cdot E\left(1 - \varepsilon^{-\frac{t}{T}}\right), \quad \text{wobei } T = C \cdot \frac{Z_1 Z_2}{Z_1 + Z_2}$$

$$e_r = -E\left[1 - \frac{2Z_2}{Z_1 + Z_2} \cdot \left(1 - \varepsilon^{-\frac{t}{T}}\right)\right] \qquad 13)$$

d) Umbildung am Leitungsende.

Das Verhalten der Welle am Leitungsende folgt aus den oben angegebenen Formeln ohne weiteres durch Einsetzen von $Z_2 = \infty$:

Widerstand am Leitungsende (Abb. 7a):

	für $R = 0$	$R = \infty$	$R = Z$
$e_R = e_{v_1} \cdot \frac{2R}{R + Z}$	$e_R = 0$	$e_R = 2e_{v_1}$	$e_R = e_{v_1}$
$i_R = e_{v_1} \cdot \frac{2}{R + Z}$	$i_R = \frac{2e_{v_1}}{Z}$	$i_R = 0$	$i_R = \frac{e_{v_1}}{Z}$ 14)

Bei kurzgeschlossenem Leitungsende wird demnach die Spannung auf Null, der Strom auf den doppelten Wert reflektiert; am offenen Leitungsende steigt die Spannung auf das Doppelte, der Strom wird Null. Beim „Abgleichen“ der Leitung mit $R = Z$ ändert sich dagegen an Strom und Spannung gar nichts. Man benutzt diese Tatsache, um bei Messungen an Leitungen geringer Länge die störende Reflexion auszuschalten und die Leitung so „unendlich lang“ zu machen.

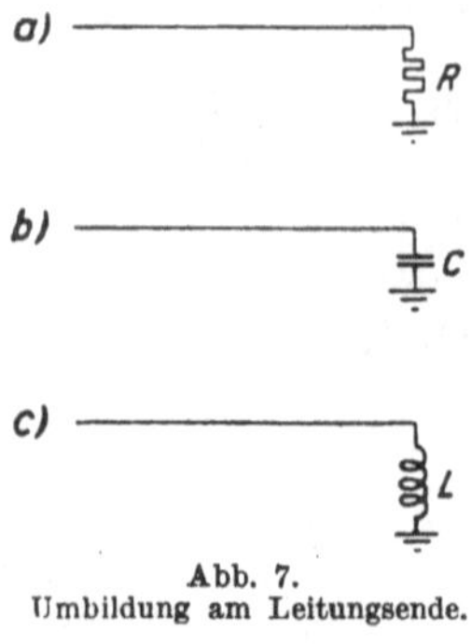

Abb. 7.
Umbildung am Leitungsende.

Kondensator am Leitungsende (Abb. 7b):

$$e_c = 2E\left(1 - \varepsilon^{-\frac{t}{T}}\right), \quad \text{worin } T = CZ$$

$$i_c = \frac{2E}{Z} \cdot \varepsilon^{-\frac{t}{T}} \qquad 15)$$

Drossel am Leitungsende (Abb. 7c):

$$e_L = 2E \cdot \varepsilon^{-\frac{t}{T}}, \qquad \text{worin } T = \frac{L}{Z}$$

$$i_L = \frac{2E}{Z} \cdot \left(1 - \varepsilon^{-\frac{t}{T}}\right) \qquad 16)$$

Durch einen Kondensator wird also der Spannungsanstieg verflacht; die größte Steilheit wird $\frac{2E}{CZ}$. Die Drossel verändert in der Schaltung (Abb. 7c) die Wellenstirn zunächst nicht, läßt aber einen zunehmenden Strom durch, dessen größte Anstiegsgeschwindigkeit $\frac{2E}{L}$ ist.

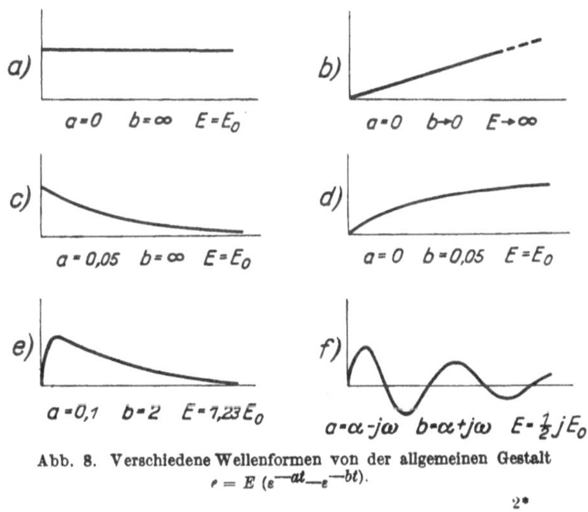

Abb. 8. Verschiedene Wellenformen von der allgemeinen Gestalt $e = E\,(\varepsilon^{-at} - \varepsilon^{-bt})$.

e) Verschiedene Wellenformen.

Die Wanderwellen haben in Wirklichkeit sehr selten die bisher vorausgesetzte einfache Rechteckform (Abb. 8a), häufiger sind Formen z. B. nach Abb. 8b—f, die sich auf das allgemeine Bildungsgesetz $e = E\left(\varepsilon^{-at} - \varepsilon^{-bt}\right)$ zurückführen lassen. Die in den vorhergehenden Abschnitten angegebenen Formeln lassen sich mittels des Duhamel'schen Integrals für beliebige Gestalt der anlaufenden Welle e_{v_1} erweitern.

f) Duhamels Integral.

Ist der Verlauf $A(t)$ einer Spannung, eines Stromes usw. für die Rechteckwelle mit unendlich langem Rücken und der Höhe $E = 1$ („Einheitsstoß") gefunden, so erhält man den entsprechenden Verlauf $B(\xi)$ der Spannung usw. für die beliebige Wellenform $e = E(t)$ aus

$$B(\xi) = \frac{d}{d\xi}\int_0^\xi E(t)\cdot A(\xi - t)\,dt\,, \quad \text{oder}$$

$$= \frac{d}{d\xi}\int_0^\xi E(\xi - t)\cdot A(t)\,dt \qquad 17)$$

g) Kenngrößen einer Stoßwelle.

Die Gestalt einer Wanderwelle auf einer Leitung oder einer Stoßwelle für Prüfzwecke wird durch drei kennzeichnende Größen beschrieben:

Scheitelwert U_m, Stirnzeit T_s und Rückenhalbwert-Zeit T_r.

Die Abb. 9 zeigt diese Kenngrößen nach der Festlegung des VDE (VDE 0450/XI. 39). Um vergleichbare Werte bei der Stoßprüfung von Isolatoren usw. zu erhalten, sind auch bestimmte Werte für T_s und T_r international festgelegt, welche die Gestalt der in der Natur bei Gewitterüberspannungen vorkommenden Stoßwellen im Mittel wiedergeben sollen. Am meisten gebräuchlich sind die Werte $T_s = 1\mu\,s$, $T_r = 50\mu\,s$. ($1\mu\,s = 1$ Mikrosekunde $= 10^{-6}\,s$). Man bezeichnet eine der-

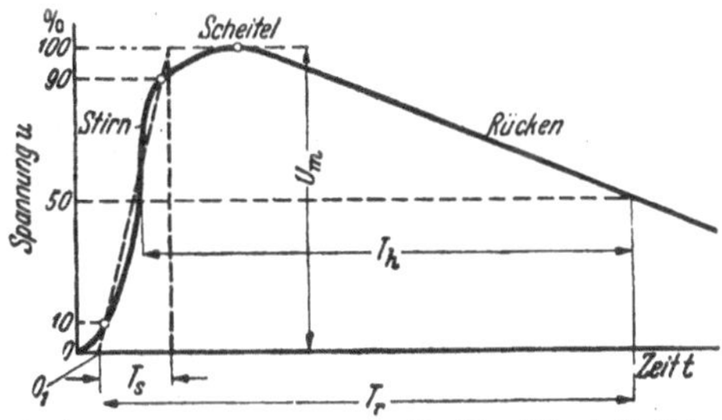

O_1	Nennbeginn	U_m/T_s	Stirnsteilheit in kV/μs
U_m	Scheitelwert in kV	T_r	Rückenhalbwert-Zeit in μs
T_s	Stirnzeit in μs	T_h	Halbwertdauer in μs

Abb. 9. Kenngrößen einer vollen Stoßspannung.

artige Welle kurz als „Stoßspannung 1|50“ (lies: eins Strich fünfzig) und gibt außerdem die Polarität gegen Erde an. — Über die Herstellung dieser Stoßform für Versuchszwecke vgl. Abschnitt C 4.

2. Gewitterüberspannungen.

a) Blitzbildung.

Voraussetzung für die Bildung atmosphärischer Entladungen ist eine Trennung der positiven und negativen Ladungen, ein Vorgang, der je nach den meteorologischen Verhältnissen verschiedene Ursache haben kann, aber noch nicht völlig geklärt ist. Man nimmt nach M. Toepler an, daß sich die beiden Ladungen im einfachsten Fall in zwei Schichten übereinander lagern. Der Verlauf von Potential und Feldstärke entspricht dann etwa dem in Abb. 10 dargestellten Zustand. Wird nun in der Grenzschicht der beiden Ladungen an irgend einer Stelle eine Feldstärke von etwa 3 kV/cm überschritten, so bildet sich von da aus ein nach beiden Seiten hin vorwachsender Funkenkanal aus (Abb. 11). Die Fortpflanzungsgeschwindigkeit des der Erde zustrebenden „Blitzkopfes“ ist endlich und beträgt etwa $^1/_6$ bis $^1/_{12}$ der Lichtgeschwindigkeit. Das bisher ungestörte Raumladungsfeld wird durch den Blitzkanal derart verändert, daß sich die Niveauflächen vor dem Blitzkopf zusammendrängen; so entsteht an dieser Stelle eine erhöhte Feldstärke, die das weitere Vorwachsen des Blitzkopfes begünstigt und auch sein Vorstoßen durch den vorher fast feldfreien Raum unterhalb der Wolke bis zur Erdoberfläche ermöglicht. Dabei treten durch Zufälligkeiten in der Verteilung der Raumladungen häufig kleinere oder größere Richtungsänderungen auf und Seitenäste werden abgezweigt.

Der eigentliche Einschlagspunkt auf der Erdoberfläche wird erst in ziemlich geringer Höhe vom Blitzkopf „ausgewählt".

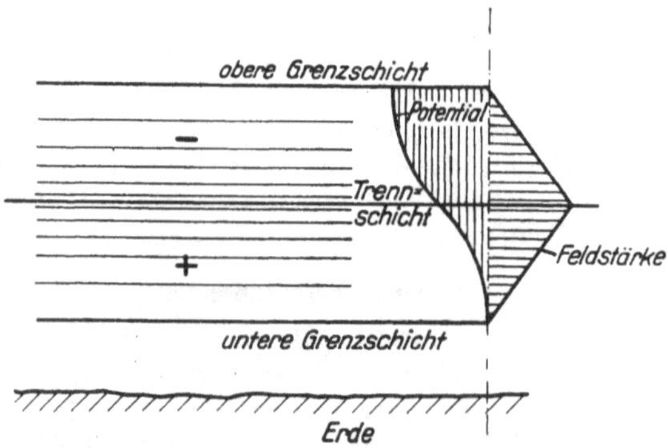

Abb. 10. Blitzbildung aus einer Doppelschicht. Potential- und Feldstärke-Verlauf kurz vor der Bildung des Blitzkanals.

Hierfür ist durchaus nicht nur die Erhebung eines Punktes über seine Umgebung maßgebend, sondern auch die Leitfähigkeit des Erdbodens. Unterhalb des Blitzkopfes sammelt sich nämlich während seiner Annäherung eine Gegenladung an, die von allen Seiten her zusammenströmt. An gut leitenden Stellen wird dies schneller vor sich gehen können als an schlecht leitenden. Oberhalb der sich bildenden Gegenladung nimmt die Feldstärke schnell hohe Werte an, so daß sich auch von der Erde aus eine oder mehrere nach oben wachsende Vorentladungen bilden. Aus der Vereinigung eines abwärts und eines aufwärts wachsenden Büschels bildet sich

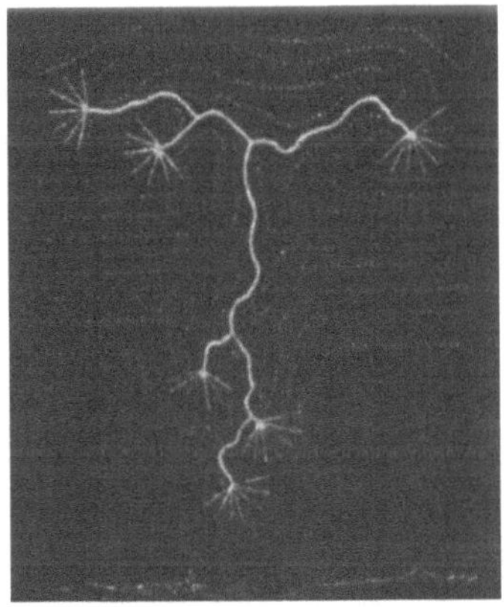

Abb. 11. Vorwachsen des Blitzes (n. Toepler).

dann der geschlossene Hauptkanal, der noch mehrere Seitenkanäle besitzen kann.

Wie B. Walter erstmalig durch Aufnahme von Blitzen mit einer schnellbewegten (umlaufenden) Kamera zeigte, folgen dem Hauptschlag meist weitere Schläge auf der gleichen Bahn oder mit geringen Bahnänderungen. Neuere Messungen ergaben für einen Blitz Mehrfachentladungen bis zu 40 Schlägen in Abständen von 0,0006 bis 0,53 Sekunden bei einer Gesamtdauer des Blitzes bis zu 0,93 Sekunden.

b) Blitzdaten.

Feldstärke über der Erdoberfläche bei ruhigem Wetter: etwa 150 V/m;

desgl. bei Gewitter: bis etwa 300000 V/m.

Potential der Gewitterwolke: auf 100 bis 1000 Mill. V geschätzt.

Stromstärke: 3000 bis etwa 200000 A, häufigste Werte um 20000 A. (Abb. 12).

Entladene Elektrizitätsmenge: 0,05 bis 20 Cb.

Stromanstiegsgeschwindigkeit: bis 40000 A/μs, meist um 4500 A/μs.

Stirndauer des Stromes: 1 bis 10 μs.

Gesamtdauer einer Teilentladung: bis gegen 100 μs.

Polarität: meist einheitlich positiv oder negativ, seltener schwingungsmäßig. Bei Mehrfachentladungen kommt manchmal ein Wechsel der Polarität der Teilentladungen vor.

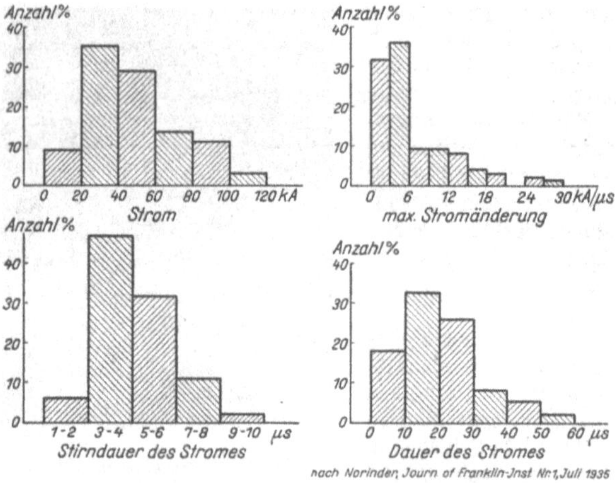

Abb. 12. Statistische Daten über den Verlauf des Blitzstromes (n. Norinder)

Positive und negative Entladungen zur Erde dürften im ganzen gleich häufig vorkommen. Die Einschläge in Freileitungen führen jedoch überwiegend (in 80 bis 90% aller Fälle) negative Ladungen zur Erde ab. Dies hängt damit zusammen, daß sich bei negativem Blitzkopf, also positiver Erdoberfläche, die Spitzenwirkung der Masten und der Leitung viel stärker bemerkbar macht, indem sich kräftige positive Büschel entwickeln können, die den Einschlagspunkt bestimmen. Eine negative Spitze über der Erdoberfläche wirkt dagegen viel weniger steuernd auf den positiven Blitzkopf ein.

c) Entstehung der Gewitterüberspannungen auf Freileitungen.

Je nachdem, ob der Blitz die Leitung selbst trifft, oder nur in ihrer unmittelbaren Nähe zur Erde geht, entstehen auf der Leitung Wanderwellen verschiedener Gestalt und Höhe. Man spricht im ersten Falle von direkten, im zweiten Falle von indirekten oder induzierten Blitzüberspannungen.

In einigen Fällen ist es gelungen, den Verlauf von direkten Blitzüberspannungen in sehr geringer Entfernung vom Einschlagspunkt des Blitzes auf der Leitung mit dem Kathoden-

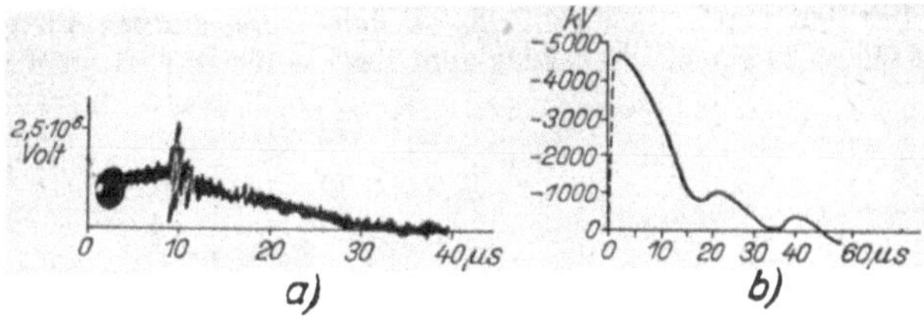

Abb. 13. Direkte Blitzüberspannungen.

a) Das erste Oszillogramm einer Blitzüberspannung, 1928. Die überlagerten Schwingungen rühren von einem Überschlag auf einer benachbarten Phase her. b) Die höchste bisher auf einer Freileitung (110 kV-Holzmastleitung) gemessene Blitzüberspannung, i. J. 1930. Entfernung des Einschlags 4 km von der Meßstelle.

strahl-Oszillographen (vgl. Abschnitt C 4) aufzunehmen. Abb. 13 zeigt zwei solcher Oszillogramme. Einem steilen Spannungsanstieg von wenigen μs Dauer folgt in vielen Fällen ein noch steilerer Zusammenbruch, der vom Überschlag der Leitungsisolation herrührt.

Der der Leitung zugeführte Blitzstrom J findet zunächst seine Fortleitung nur im Wellenwiderstand des getroffenen Seiles. (Z nach beiden Richtungen, insgesamt also $Z/2$). Die Höhe der nach beiden Seiten laufenden Wellen ist dann je $\frac{1}{2} J \cdot Z$. Mit wachsendem J steigt daher diese Spannung sehr rasch über die Überschlagspannung der Isolatoren hinaus und ist nach erfolgtem Überschlag etwa gleich dem Produkt aus dem Blitzstrom und dem sich aus Erdungswiderstand R_E und Wellenwiderständen Z ergebenden Gesamtwiderstand (vgl. Abb. 14a).

Besonders hohe Werte nehmen die Wellen auf Holzmastleitungen an, da die Überschlagspannung hier um die des Mastes höher ist.

Trifft der Blitzkopf nicht unmittelbar ein Leiterseil, sondern das Erdseil oder den Mastkopf (Abb. 14b), so fließt der Blitzstrom zunächst direkt nach Erde ab. An dem Erdungswiderstand R_E des Mastes, der mindestens einige Ohm beträgt, entsteht dabei ein Spannungsabfall; das Potential des ganzen Mastes wird dadurch gegenüber der Erde und gegenüber den Leiterseilen gehoben, so daß es bei starken Blitzströmen zu einem Überschlag vom Mast zu einem oder mehre-

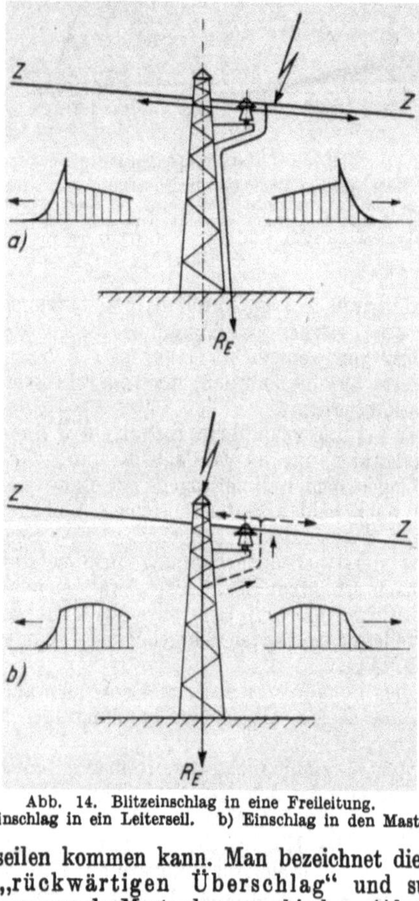

Abb. 14. Blitzeinschlag in eine Freileitung.
a) Einschlag in ein Leiterseil. b) Einschlag in den Mastkopf.

ren Leiterseilen kommen kann. Man bezeichnet diesen Vorgang als „rückwärtigen Überschlag" und sucht ihn durch Verbesserung der Masterden zu verhindern. (Abschn. D 2).

Induzierte Blitzüberspannungen entstehen auf einer Freileitung, wenn der Blitz in geringer Entfernung in die Erde oder einen anderen Leiter einschlägt. Die während der Annäherung des Blitzkopfes auf der Leitung angesammelte gegenpolige Ladung wird nach dem Einschlag frei und breitet sich gleichfalls als Wanderwelle nach beiden Seiten aus. Induzierte Wellen dieser Herkunft sind daran zu erkennen, daß sie auf allen Leitern, z. B. einer Drehstromleitung, mit gleicher Polarität, gleicher Gestalt und gleicher Höhe auftreten. Abb. 15 zeigt ein Beispiel und läßt gleichzeitig erkennen, daß induzierte Wellen meist viel flacheren Anstieg und geringere Höhe haben als direkte. Die höchsten gemessenen Spannungswerte liegen noch unter 200 kV_m, so daß sie meist nur Leitungen unter etwa 30 kV Betriebsspannung gefährlich werden.

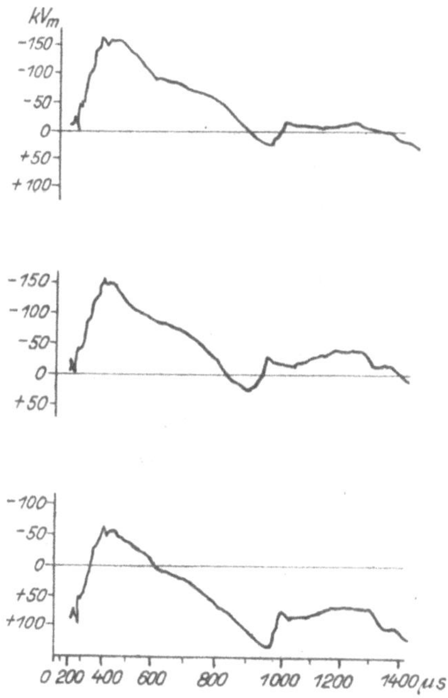

Abb. 15. Dreipolige induzierte Blitzüberspannung. (n. Berger).

Außer dieser elektrostatischen spielt manchmal auch die elektromagnetische Induktion eine Rolle. Schlägt nämlich

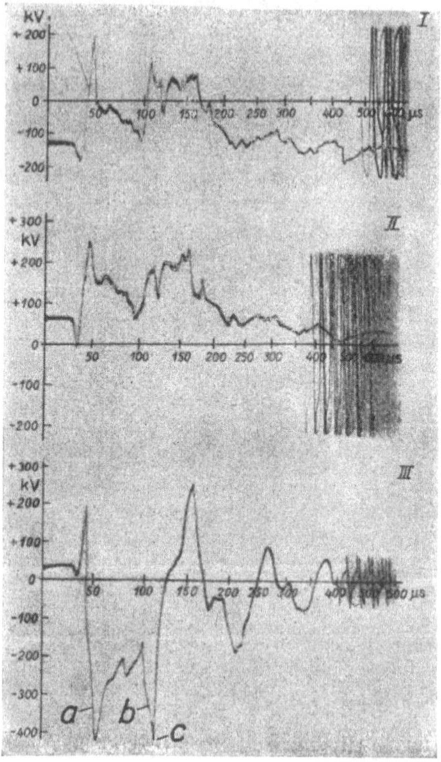

Abb. 16. Blitzüberspannung auf einer 150 kV-Drehstromleitung (n. Berger).

der Blitz in einen Mast ein, so nehmen die Leiterseile eine magnetisch induzierte Spannung an, deren Vorzeichen der durch den Spannungsabfall im Masterdungswiderstand bedingten Mastkopfspannung entgegengesetzt ist, die also den rückwärtigen Überschlag begünstigt. Allerdings ist die magnetisch induzierte Spannungsspitze nur von sehr kurzer Dauer, nämlich gleich der Stirndauer des Blitzstromes. Sie wird daher bei ihrem Lauf über die Leitung schnell abgeflacht und erniedrigt.

Alle beschriebenen Vorgänge können sich auch überlagern, wodurch verwickeltere Wellenformen entstehen. Abb. 16 zeigt als Beispiel den Verlauf einer Blitzüberspannung auf den 3 Phasen einer 150 kV-Drehstromleitung. Vor dem eigentlichen Einschlag in den Leiter III entsteht zunächst eine positive Spitze, die in allen Leitern annähernd gleiche Höhe hat und wahrscheinlich auf elektrostatische Induktion zurückzuführen ist. Mit dem Augenblick des Einschlages entsteht auf III die direkte Blitzüberspannung in Gestalt einer negativen Welle von über 400 kV Höhe (bei a) und rd. 50 μs Halbwertdauer im Rücken. Nachdem diese über die Meßstelle hinweggelaufen ist, wird sie am Leitungsende in 7 km Entfernung reflektiert (b), wobei gleichzeitig eine Schutzfunkenstrecke am Leitungsende überschlägt (c). Beide Vorgänge zeichnen sich nach entsprechender Laufzeit an der Meßstelle ab. Der Rest der Kurve ist der Übergang in die Eigenschwingung der Leitung. — In I und II können sich die induzierten Wellen ungestört ausbilden. Sie zeigen ihrer Entstehung entsprechend gleichartigen Verlauf, der sich dem Augenblickswert der beiden Phasenspannungen gegen Erde überlagert und daher verschiedene absolute Höhe hat. Weiterhin sind die Spannungen auf I und II durch Kopplung mit III ein verkleinertes Abbild der Hauptwelle.

d) Daten über Gewitterüberspannungen.

Höhe: Sie wird begrenzt durch die Stoßüberschlagsfestigkeit der Leitung. Die höchsten gemessenen Werte (Amerika) sind 3000 kV auf einer 220 kV-Leitung mit Eisenmasten, bzw. 4500 kV auf einer 110 kV-Holzmastleitung. Abb. 17 zeigt den Zusammenhang zwischen Häufigkeit in

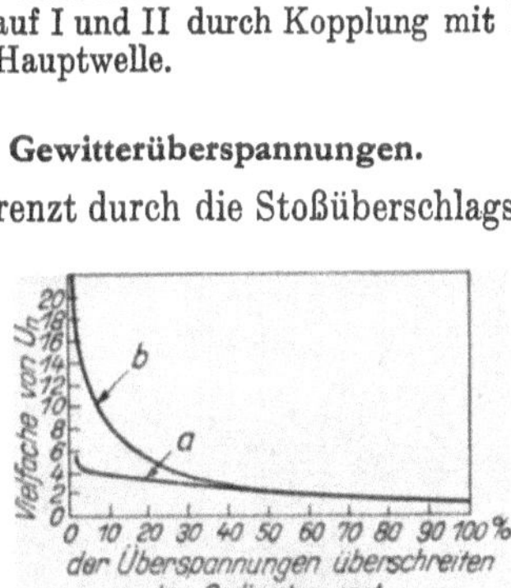

a = Schaltvorgänge b = Gewitterüberspannungen

Abb. 17.
Häufigkeit und Höhe von Überspannungen.

Abb. 18.

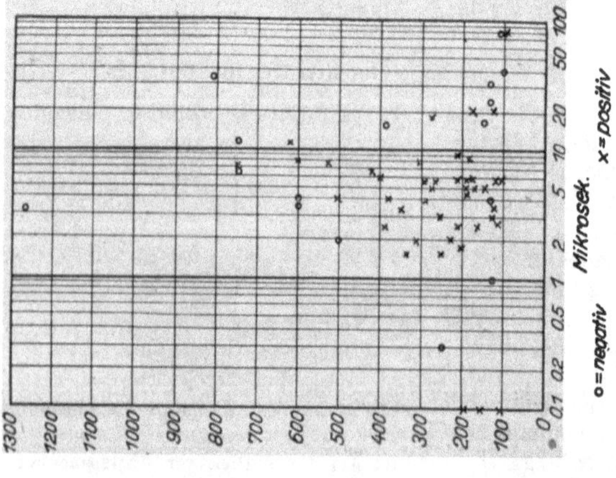

Abb. 19.

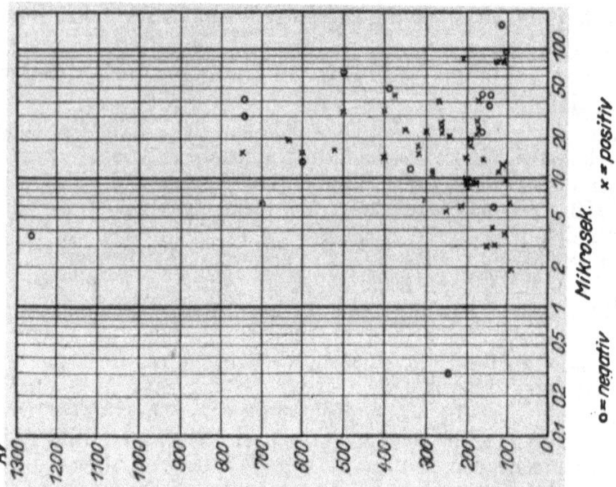

Abb. 18. Häufigkeitsverteilung der Stirndauer von insgesamt 61 Wellen auf einer 220 kV-Leitung (n. Lewis u. Foust).
Abb. 19. Häufigkeitsverteilung der Halbwertdauer von insgesamt 61 Wellen auf einer 220 kV-Leitung (n. Lewis u. Foust).

% und Höhe der Spannung in Vielfachen der Betriebsspannung, im Vergleich mit Schaltüberspannungen.

Stirndauer, Steilheit: Die Stirndauer schwankt zwischen 0,1 und rd. 80 μs. Sie hängt stark vom zurückgelegten Laufweg der Welle und ihrer Entstehungsursache (direkte oder induzierte Überspannung) ab. Ein Beispiel einer Häufigkeitsverteilung ist in Abb. 18 dargestellt. Die Steilheit kann bis zu 4000 kV/μs betragen, doch ist 1000 kV/μs schon ein sehr hoher Wert.

Halbwertdauer: Meist zwischen 5 und 100 μs. Beispiel einer Häufigkeitsverteilung in Abb. 19.

e) Verformung und Dämpfung.

Auf ihrem Lauf entlang der Leitung sind die Wanderwellen zahlreichen formändernden Einflüssen ausgesetzt. In der Hauptsache sind dies der ohmsche Widerstand der Leitung und Erdrückleitung, die Ableitung, die Kapazität der Isolatoren und die Korona.

Der ohmsche Widerstand spielt nur eine geringe Rolle. Auf einer Freileitung von 50 mm² Querschnitt (0,7 Ohm/km) nimmt die Wellenhöhe z. B. erst nach 1000 km Laufweg auf die Hälfte ab, wenn außer dem ohmschen Widerstand keine anderen Einflüsse dämpfend auf die Welle einwirken. Sie bleibt dann formgetreu, nur ihre Höhe klingt nach einem Exponentialgesetz ab. Durch Stromverdrängung wird der Leitungswiderstand erhöht, auch kann der Widerstand der Erdrückleitung ein Mehrfaches des Leitungswiderstandes betragen. Eine Welle zwischen Leitung und Erde ist also schneller gedämpft als eine zwischen zwei Leiterseilen verlaufende.

Die Isolatoren üben eine Wirkung dahin aus, daß die Welle beim Vorbeilaufen an jeder einzelnen Isolatorkapazität (vgl. Abb. 6d) um einen geringen Betrag in der Stirn verflacht und im Rücken verlängert wird.

Den Hauptanteil an der Dämpfung hat jedoch meistens die Koronabildung. Im Gegensatz zu den bisher geschilderten Einflüssen wirkt sie nicht stetig und nicht auf die ganze Welle. Sie schneidet vielmehr den über die Koronagrenz-

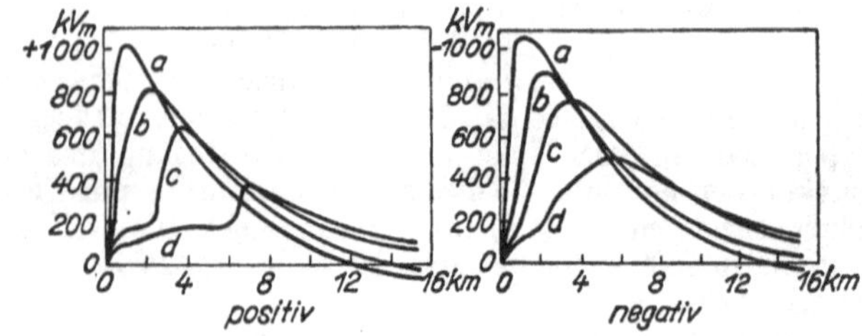

Abb. 20. Verformung von Wanderwellen durch Koronawirkung. Laufweg bei a) 0,1 km, b) 0,65 km, c) 2,14 km, d) 5,52 km.

spannung des Leiters hinausgehenden Teil allmählich aus der Welle heraus, wie dies in den Beispielen Abb. 20 deutlich zu erkennen ist. Die Höhenabsenkung ist daher nicht nur von der Lauflänge und der Anordnung von Erdseilen, sondern auch von der ursprünglichen Form (Halbwertdauer) der Welle und ihrer Polarität stark abhängig. — Meßergebnisse an einer 35 kV-Leitung von 50 mm² Querschnitt, deren Koronagrenze bei rd. 100 kV_m lag, zeigt Abb. 20.

Alle dämpfenden Einflüsse werden in der empirischen Formel

$$e(t) = \frac{E}{kEt + 1}$$

von Foust und Menger zusammengefaßt. Hierin ist t die Laufzeit in μs, E in Volt die größte Höhe der ursprünglichen Welle und $k = 0{,}02$ bis $0{,}14 \times 10^{-6}$ ein empirischer Faktor, der die Verschiedenheiten der Polarität usw. berücksichtigt. Unterhalb der Koronagrenze und für sehr kurze (abgeschnittene) Wellen versagt die Formel.

f) Gekoppelte Wanderwellen.

Eine zwischen einer Leitung 1 und Erde verlaufende Wanderwelle erzeugt in einer parallel laufenden Leitung 2 eine Koppelwelle, deren Höhe von den Wellenwiderständen Z_1, Z_2 der beiden Leitungen gegen Erde und dem gegenseitigen Wellenwiderstand Z_{12} beider Leitungen abhängt.

Bei den üblichen Abständen benachbarter Leitungen beträgt die Koppelwelle nur wenige Prozent der Hauptwelle, kann aber trotzdem, z. B. in Fernsprechleitungen, zu schweren Störungen führen. Frei verlegte Fernmeldeleitungen werden daher in möglichst großem Abstand von Hochspannungsleitungen geführt und nicht mit Erdrückleitung sondern als Doppelleitung mit geringem Leiterabstand betrieben.

Auf verlustlosen, homogenen Leitungen hat die Koppelwelle die gleiche Gestalt und Geschwindigkeit wie die Hauptwelle. Praktisch ist diese Voraussetzung aber nicht erfüllt, wenn man längere Laufwege betrachtet. So kommt es zu zusätzlichen Erscheinungen, von denen die bemerkenswerteste das Auftreten von Koppelwellen umgekehrter Polarität ist. Diese zunächst aus Oszillogrammen entnommene Tatsache wird theoretisch durch den Zerfall der Hauptwelle in zwei mit verschiedener Geschwindigkeit fortschreitende Komponenten erklärt. Nach Schwenkhagen ist die allmähliche Umpolung der Koppelwelle auf die Wirkung der entlang beider Leitungen verteilten Isolatorenkapazitäten zurückzuführen.

3. Isolation und Stoßspannungen.

Die Festigkeit der Isolatoren gegenüber stoßartigen Überspannungen weicht oft erheblich ab von der mit langsam gesteigerter Gleich- oder Wechselspannung gemessenen Festigkeit. Schon lange ist bekannt, daß die Durchschlag- oder Überschlagspannung einer Anordnung um so höher steigt, je kürzer die Dauer der Beanspruchung ist. Andererseits wurde festgestellt, daß der Durchschlag oder Überschlag bei einem bestimmten zeitlichen Verlauf der Beanspruchung um so eher erfolgt, je höher die Beanspruchung ist.

Zwei wichtige Größen sind also stets miteinander verknüpft: „Stoßfestigkeit“ (bezüglich Überschlag oder Durchschlag) und „Zeitverzug“.

Zur näheren Erläuterung diene Abb. 21. Es sei angenommen, daß irgend eine Isolationsanordnung, z. B. ein Stützisolator, zur Zeit $t = 0$ schlagartig mit reiner Gleichspannung (Rechteckstoß unendlicher Dauer) beansprucht werde. Wählt man die Höhe dieser Spannung immer größer, so wird schließlich bei einer Spannung U_0 der Isolator überschlagen. Bei einer weiteren Steigerung der Spannung tritt äußerlich nichts Neues auf; eine gleichzeitige Messung der Zeitspanne vom Beginn des Spannungsstoßes bis zum Überschlag läßt aber erkennen, daß diese Zeitspanne, der Zeitverzug, mit wachsender Spannung U_s immer kürzer wird. So gehört zur Spannung U_1 der Zeitverzug t_1, zu U_2 der kürzere Verzug t_2 usw. Für U_0 wird der Verzug praktisch unendlich lang. Man bezeichnet U_0 auch als statische Überschlagspannung und bezieht die höheren Werte auf U_0, indem man den jeweils zum Verzug t gehörigen Stoßfaktor $f_s = U_s/U_0$ angibt.

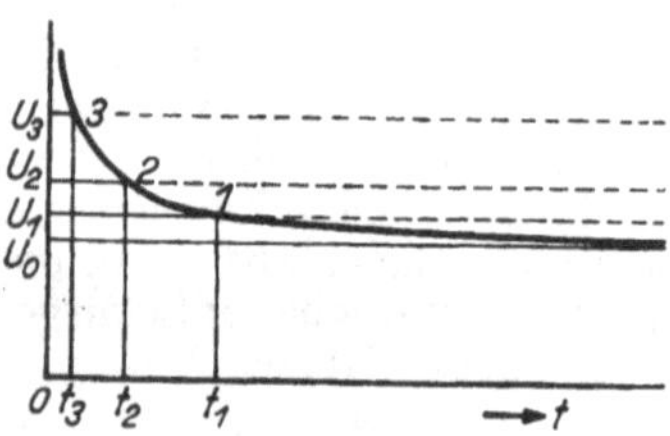

Abb. 21.
Stoßkennlinie für Rechteckstöße.

Die Verbindung aller Punkte 1, 2, 3 ... ist die „Stoßkennlinie" des Isolators für die betrachtete Form der Spannungsbeanspruchung.

Verwendet man nicht Rechteckstöße unendlicher, sondern endlicher Dauer, und bestimmt die zu einer bestimmten Stoßdauer gehörende Spannungshöhe, bei welcher eben der Überschlag eintritt, so erhält man wiederum dieselbe Stoßkennlinie.

Für Stoßwellen der üblichen Form mit endlicher Stirn- und Halbwertdauer erhält man Stoßkennlinien der in Abb. 22 dargestellten Form. Sie läßt deutlich erkennen, daß der Überschlag zunächst im Rücken der Welle erfolgt (Kurven 2 und 3) und erst bei Steigerung der Wellenhöhe zum Scheitelpunkt hinaufwandert (Kurve 4). Unter Stoßkennlinie versteht man hier den Zusammenhang zwischen dem Verzug t und dem Scheitelwert der Welle, nicht etwa dem Augenblickswert, bei welchem tatsächlich der Durchbruch eintritt.

Die Stoßkennlinie endet rechts (bzw. wird waagerecht) bei einem Punkt, dessen Ordinate die sogen. „Mindest-

Stoßüberschlagspannung"[1]) $U_{s\,min}$ darstellt. D. i. der Scheitelwert derjenigen Welle, welche gerade noch so hoch ist, um bei wiederholten Versuchen in rd. 50% aller Fälle zum Überschlag zu führen. Der Wert $U_{s\,min}$ ist besonders wichtig zur Kennzeichnung eines Isolators, da zu seiner Bestimmung nur eine Messung der Spannungshöhe, nicht auch des Verzuges, nötig ist. Wird von der Stoßüberschlagspannung schlechthin gesprochen, so ist damit im allgemeinen die Mindest-Stoßüberschlagspannung gemeint.

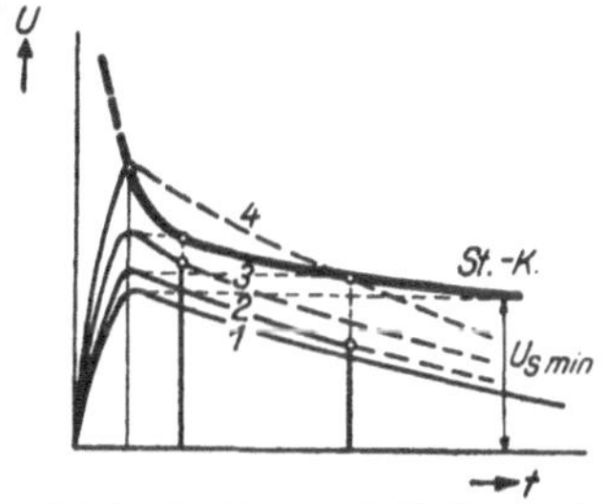

Abb. 22. Stoßkennlinie für Stoßwellen üblicher Form.

Steigert man die Stoßspannung noch über die Höhe der Welle 4 in Abb. 22 hinaus, so erfolgt der Überschlag schon in der Wellenstirn. Die Stoßkennlinie muß dann anders definiert werden, da ja beim Stirnüberschlag der Scheitelwert der Stoßwelle gar nicht mehr angebbar ist. Man benutzt dann eine andere, in Abb. 23 dargestellte Kennlinie, welche die beim Überschlag erreichte Spannungshöhe bei verschiedener Steilheit einer linear ansteigenden Spannung (Keilwelle) angibt.

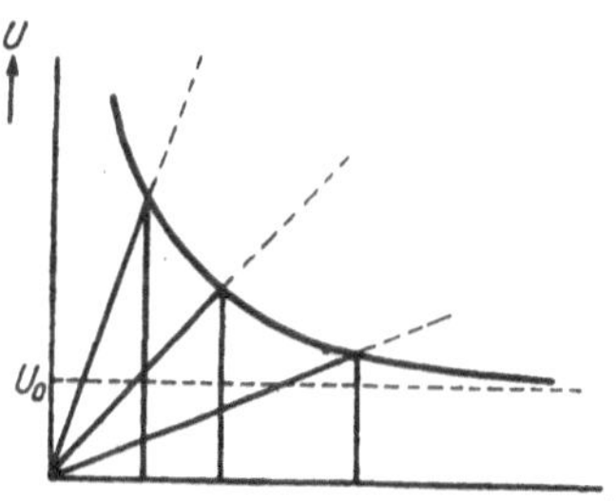

Abb. 23. Stoßkennlinie für Keilwellen.

In Abb. 24 sind als Beispiele typische Stoßkennlinien der wichtigsten Isolationsanordnungen zusammengestellt, und zwar für 100 kV-Geräte. Bemerkenswert ist der verschiedene Verlauf, z. B. der Stützer- und Durch-

[1]) Neuerdings ist die zweckmäßigere Benennung „50%-Stoßüberschlagspannung" empfohlen worden.

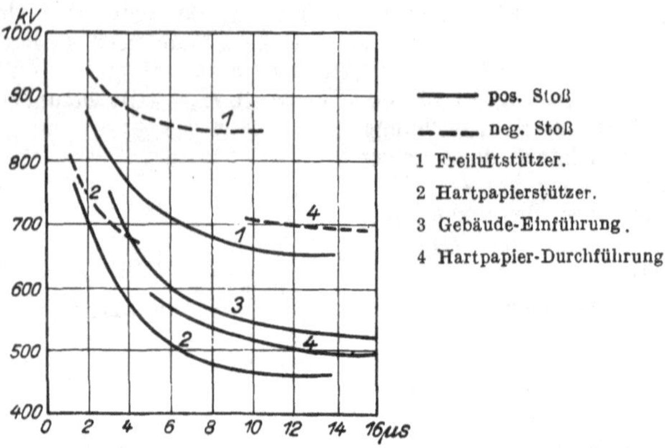

Abb. 24. Beispiele von Stoßkennlinien für 100 kV-Geräte.

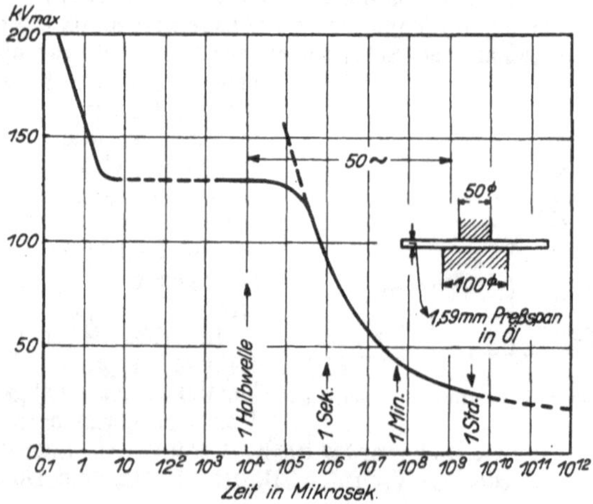

Abb. 25. Durchschlagspannung von Preßspan unter Öl von 25° C abhängig von der Einwirkungsdauer der Spannung.

führungskennlinien, die sich bei kurzen Verzugszeiten überschneiden können; ferner der große Einfluß der Polarität, besonders beim Stützer.

Besonders die Isolation unter Öl ist in weitestem Maße abhängig von der Einwirkungsdauer der Spannung, wie Abb. 25 zeigt. Bei dieser Darstellung konnte naturgemäß nicht mehr über den ganzen Bereich die gleiche Spannungsform benutzt werden, so daß die ganze Kurve eigentlich aus mehreren verschiedenen Kennlinien zusammengesetzt ist.

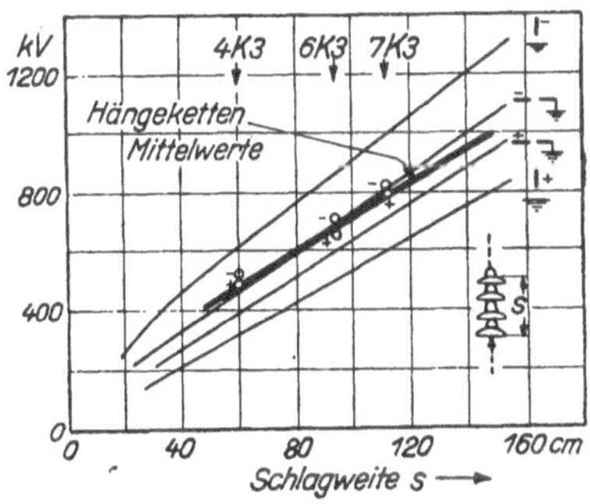

Abb. 26. Mindest-Überschlagstoßspannung von Spitzen und Hängeketten K3. Isolatoren).

Die Stoßkennlinien sind von großer Bedeutung für die Abstufung der Isolatoren zwischen Freileitung und Station (vgl. Abschnitte D und E). Mit ihrer Hilfe kann eine viel genauere Auswahl getroffen werden als unter Zugrundelegung etwa der Schlagweite oder der Wechselüberschlagspannung allein. In vielen Fällen kann man sich jedoch mit der Kenntnis der Mindest-Stoßüberschlagspannung begnügen, die auch schon viele Aufschlüsse und Anhaltspunkte gibt.

Man kann dabei die üblichen Isolatorformen zurückführen auf die einfachsten Elektrodenformen, nämlich Spitze gegen Platte und Spitze gegen Spitze. Die Mindest-Stoßüberschlagspannungen dieser Anordnungen sind in Ab. 26 in Abhängigkeit von der Schlagweite dargestellt. Die beiden äußersten Kurven gelten für die Anordnung Spitze—Platte, welche weitaus den größten Polaritätseinfluß zeigt. Die Werte für glatte Stützer fallen praktisch mit diesen beiden Kurven zusammen, nur der positive Stützer liegt etwas über der Kurve positive Spitze—Platte. Für Hängeketten gelten etwa die

Kurven Spitze—Spitze, die wegen ihrer symmetrischen Anordnung beide nur einen geringeren Polaritätseinfluß zeigen. Durchführungen lassen sich in dieses Bild nicht ohne weiteres einfügen, da ihre Stoßüberschlagspannung weniger von der äußeren Schlagweite als von dem Verhältnis ihres Fassungsdurchmessers zum Bolzendurchmesser abhängt, falls nicht eine künstliche Steuerung ihres inneren Feldes, z.B. durch Metalleinlagen, vorhanden ist.

4. Meßgeräte und Meßmethoden.

Die Eigenart der Überspannungserscheinungen, ihre meist außerordentlich kurze Dauer, die Vielgestaltigkeit ihres zeitlichen Verlaufs, der häufig vorher unbekannte Zeitpunkt ihres Auftretens und ihre große Intensität bringen es mit sich, daß die sonst in der Elektrotechnik gebräuchlichen Meßmethoden hier meist versagen. So entstand eine Reihe von Meßverfahren, die zur Ermittlung der natürlichen Überspannungsvorgänge wie auch zu ihrer Nachbildung im Laboratorium gleichermaßen verwendbar sind, die aber darüber hinaus auch noch in andere Zweige der Meßtechnik Eingang gefunden haben.

a) Stoßerzeugung.

Der Stoßgenerator. — Während man Schaltüberspannungen in einer betrachteten Schaltung oder Anlage im allgemeinen willkürlich auslösen kann, ist dies bei Gewitterüberspannungen nicht möglich. Zu ihrer Nachahmung, d.h. zur Erzeugung von Spannungsstößen bestimmter Form, benutzt man daher besondere Einrichtungen, die als Stoßgeneratoren bezeichnet werden[1]).

Die einfachste Anordnung ist in Abb. 27 dargestellt. Der Stoßkondensator C wird von einer beliebigen Gleichspannungsquelle (hier ein Transformator mit Gleichrichter) allmählich aufgeladen und bei einer durch die Schlagweite der Funkenstrecke F wählbaren Spannungshöhe auf den eigentlichen Stoßkreis entladen. Die Größen C, L und $R_D + R_E$ (vgl. Abb. 27) bestimmen dabei den Verlauf der an R_E auftretenden Spannung, welche an den Prüfkörper P angelegt wird. Dieser Verlauf ist von der Form $e = E(\varepsilon^{-at} - \varepsilon^{-bt})$, man

[1]) Inzwischen erschienen die „Leitsätze für die Erzeugung und Verwendung von Stoßspannungen für Prüfzwecke VDE 0450/XI. 39“, welche auch Bestimmungen über den Aufbau von Stoßschaltungen enthalten.

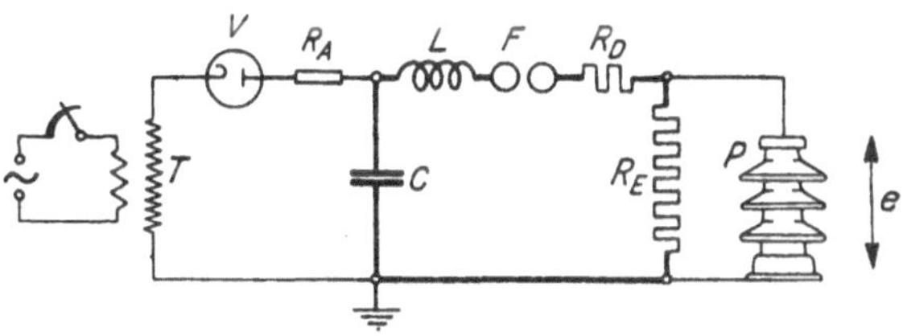

Abb. 27. Einstufiger Stoßgenerator.
T Transformator, V Gleichrichterventil, R_A Aufladewiderstand, C Stoßkondensator, L Drossel, F Zündfunkenstrecke, R_D Dämpfungswiderstand, R_E Entladewiderstand, P Prüfkörper.

kann also in dieser Schaltung alle in Abb. 8 zusammengestellten Wellenformen herstellen.

Bei der üblichen Stoßform 1|50 μs bestimmt $L/(R_D + R_E)$ in der Hauptsache die Stirndauer, $C \cdot (R_D + R_E)$ in der Hauptsache die Rückenlänge. Der Widerstand R_D dient zur Dämpfung etwaiger Oberschwingungen in dem aus C, L, F, R_D und der Eigenkapazität des Prüfkörpers gebildeten Kreis, woraus sich auch seine Bemessung ergibt.

Für Ladespannungen über etwa 200 kV$_m$ wird die Gleichrichteranlage umfangreich und teuer. Man benutzt dann meist

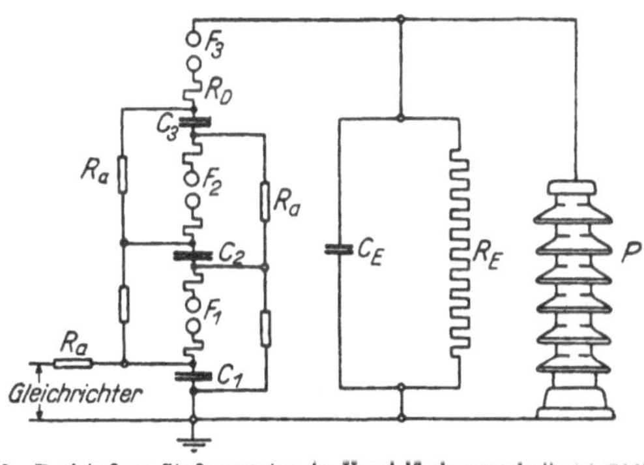

Abb. 28. Dreistufiger Stoßgenerator in Vervielfachungsschaltung nach Marx. C_1 C_2 C_3 Stufenkondensatoren, R_A Aufladewiderstände, F_1 F_2 F_3 Zwischenfunkenstrecken, R_D Dämpfungswiderstände, R_E Entladewiderstand, C_E Belastungskondensator, P Prüfkörper.

Abb. 29. Stoßanlage in Freiluftbauweise (SSW).

die in Abb. 28 in einer Ausführungsform dargestellte Vervielfachungsschaltung nach Marx, für welche sich im engeren Sinne die Bezeichnung Stoßgenerator eingebürgert hat. Über die hochohmigen Widerstände R_a werden die einzelnen Stufenkondensatoren $C_1\,C_2\ldots$ zunächst parallel auf die gleiche Spannung aufgeladen, bis bei der am engsten eingestellten Funkenstrecke F_1 der Überschlag erfolgt, dem sofort die übrigen Funkenstrecken $F_2\,F_3\ldots$ nachfolgen. Damit sind alle n Stufenkondensatoren in Reihe geschaltet, wodurch die Gesamtspannung nahezu auf die n-fache Spannung der einzelnen Stufe ansteigt. Der Dämpfungswiderstand wird zweckmäßig auf die einzelnen Stufen aufgeteilt, um örtliche

Ausgleichschwingungen innerhalb der Stufen zu verhindern. An Stelle der im Stoßkreis liegenden Drossel L nach Abb. 27 ist hier ein Kondensator C_E parallel zum Entladewiderstand R_E geschaltet, welcher bewirkt, daß die gewünschte Stirnform von der wechselnden Eigenkapazität des Prüfkörpers und etwa angeschlossener Meßgeräte praktisch unabhängig wird.

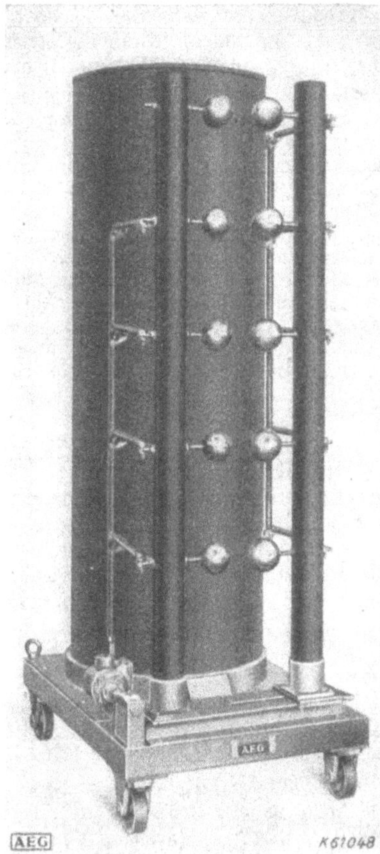

Abb. 30. Stoßgenerator für Prüffelder (AEG

Stoßgeneratoren dieser Art gehören heute zu den wichtigsten Einrichtungen der Hochspannungslaboratorien und werden genau so auch zu Versuchen auf Hochspannungsleitungen benutzt. Es sind Stoßgeneratoren bis zu 10 Millionen Volt Stoßspannung gebaut worden, die besonders zu Versuchen über die Funkenausbildung, zur Erzeugung schneller Kathodenstrahlen (Atomzertrümmerung) und zu ähnlichen mehr physikalischen Zwecken dienen. Technische Bedeutung besitzen dagegen besonders die Stoßgeneratoren bis zu etwa 3 Millionen Volt. Abb. 29 stellt z. B. eine Anlage für 3 Millionen Volt in Freiluftbauart dar, Abb. 30 einen Stoßgenerator für 750 kV_{max} in besonders gedrängter Innenraum-Bauart, welcher zur Prüfung von 100 kV-Material noch ausreicht.

Erwähnt sei noch, daß auch zur Herstellung besonders hoher Stromstöße besondere Stoßanlagen gebaut worden sind. So werden Stromstöße bis 250000 A Höchstwert und bis rd. 20 μs Halbwertdauer erzeugt, welche also den stärksten bisher beobachteten Blitzen wenigstens im Stromverlauf, wenn auch nicht in der Spannung, entsprechen. Hiermit können alle Schmelzwirkungen und dynamischen Verformungen von Leitern bei Blitzeinschlägen nachgebildet und studiert werden. Es ergab sich z. B., daß der Durchmesser des Funkenkanals bei 140 kA etwa 15 mm beträgt und sein Ansatzpunkt auf einem guten Leiter nur verhältnismäßig schwache Aufrauhungen hinterläßt. Dies bietet eine Erklärung dafür, daß die Einschlagstelle eines Blitzes auf einer Hochspannungsleitung meist trotz sorgfältiger Suche nicht gefunden werden kann.

b) Stoßmessungen.

Die Kugelfunkenstrecke ist das einfachste Meßgerät zur Bestimmung des Höchstwertes einer Stoßwelle und hat bei nicht zu kleinen Schlagweiten und bei Kugeldurchmessern über etwa 50 mm keine wesentlich größeren Fehler als bei der Messung von technischen Wechselspannungen, so lange es sich um Stoßwellen von z. B. 0,5|50 μs handelt. Bei sehr kurzer Stoßdauer wird dagegen auch der Stoßfaktor der Kugelfunkenstrecke merklich größer als 1, wie aus Abb. 31 hervorgeht. Durch verschiedene Mittel, z. B. Säuberung mit Äther, leichte Aufrauhung, Bestrahlung mit Radium oder ultraviolettem Licht, Bestrahlung durch eine zweite, gleichzeitig ansprechende Funkenstrecke, läßt sich der Stoßfaktor jedoch herabsetzen.

Auch andere Größen sind mit der Kugelfunkenstrecke meßbar, wenn sie durch eine proportionale Spannung dargestellt werden können. Abb. 32 enthält 3 Beispiele dafür. Bei Strommessung (a) wird $J = U_F/R$, bei der Steilheits-

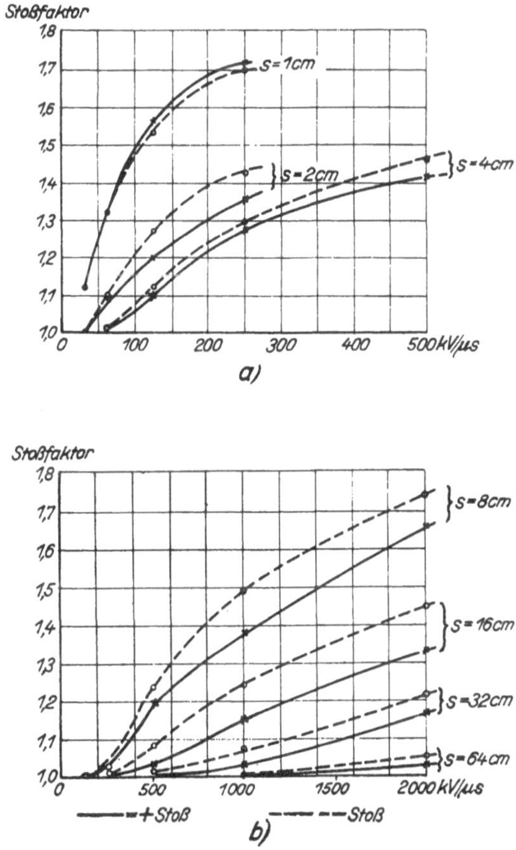

Abb. 31. Stoßüberschlag von Kugelfunkenstrecken innerhalb der Wellenstirn in Abhängigkeit von der Stirnsteilheit.
s = Schlagweite; Kugeldurchmesser bei a) 6,25 cm,
bei b) 200 cm.

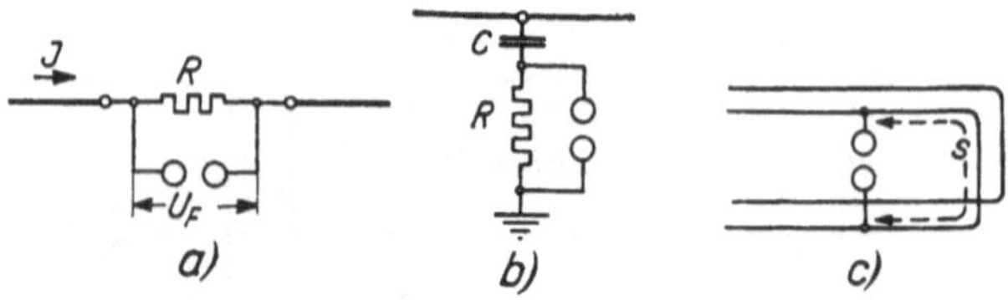

Abb. 32. Anwendung der Kugelfunkenstrecke.
a) Strommessung, b) Steilheitsmessung, c) Bindersche Schleife.

messung (b) wird die größte Steilheit $\left(\frac{de}{dt}\right)_{\max} = U_F/C$, und in der Binderschen Schleife (c) wird $\left(\frac{de}{dt}\right)_{\max} = c \cdot U_F/s$, worin c die Wellengeschwindigkeit und s die Schleifenlänge.

Die Heynesche Staffelfunkenstrecke (Abb. 33) besteht aus mehreren parallelen Kugelfunkenstrecken in gestaffelter Schlagweite, deren jede mit einem sehr kleinen Kondensator in Reihe liegt. Die Anzahl der durchschlagenen Funkenstrecken, welche z. B. photographisch oder mittels Relais festgestellt wird, ist somit ein Maß für die höchste aufgetretene Stoßspannung. Die Staffelfunkenstrecke eignet sich daher für statistische Messungen der Spannung und Steilheit (nach Abb. 32b) in Freileitungsnetzen.

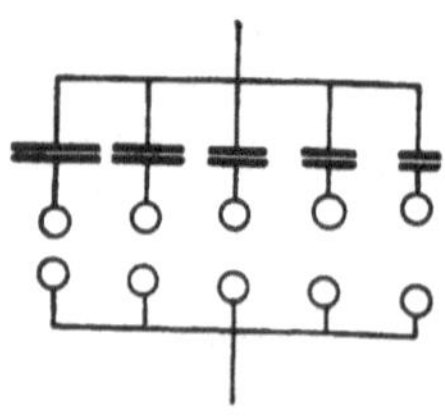

Abb. 33. Staffelfunkenstrecke nach Heyne.

Die Stabfunkenstrecken, deren Kennlinien bis zu großen Schlagweiten bekannt sind (Abb. 26, 34 und 35), eignen sich gut zur Messung von Überschlagspannungen von Isolatoren annähernd gleicher Kennlinienformen, also z. B. Stützern oder Hängeketten. Unterhalb etwa 40 cm sind die Eichkurven durch Streuung etwas unsicher.

Der Klydonograph wird in mehreren Abarten besonders zur Registrierung von Spannung, Strom oder Steilheit benutzt. Er beruht auf der Bildung von Lichtenbergschen Figuren,

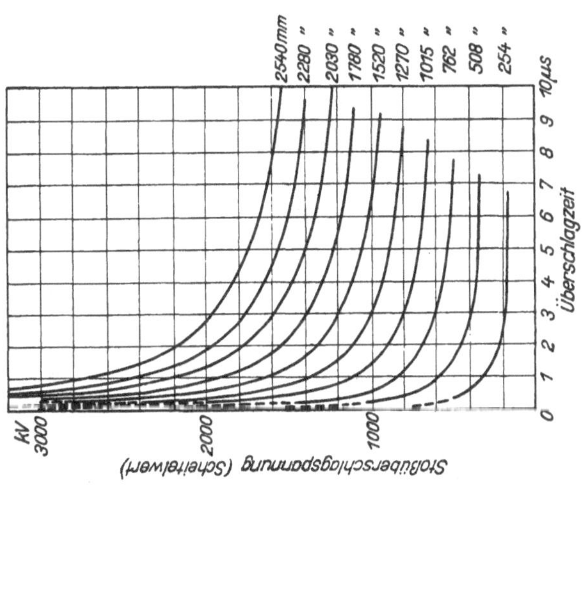

Abb. 34. Stoßkennlinien von Stabfunkenstrecken bei positiver Stoßspannung. (25° C, 15/gm³ Luftfeuchtigkeit).

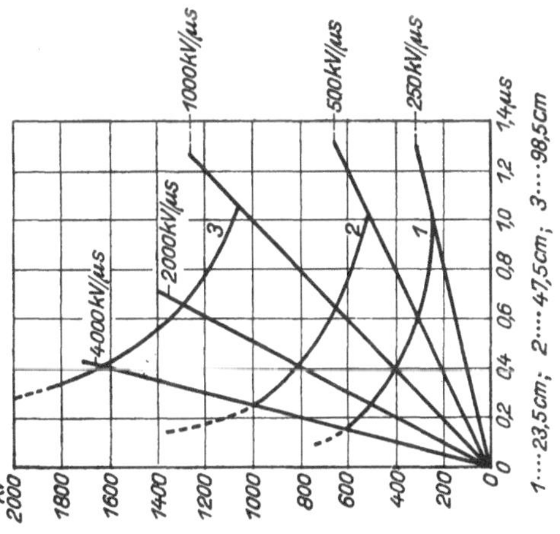

Abb. 35. Stoßkennlinien von Stabfunkenstrecken bei Überschlag in der Wellenstirn.

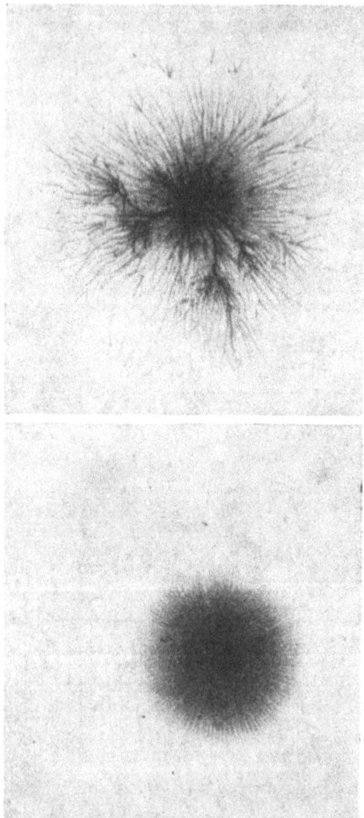

Abb. 36. Klydonogramme. — Links positive, rechts negative Figur.

welche in einer photographischen Schicht entstehen, wenn sie zwischen eine Spitze und eine Platte eingespannt wird, an denen die Stoßspannung liegt. Aus dem Durchmesser läßt sich die Spannung, aus der Gestalt der Gleitfigur die Polarität bestimmen (Abb. 36).

Der Klydonograph hat den Vorteil, schon bei einer einzigen Stoßwelle ein Meßergebnis zu liefern, während bei der Kugelfunkenstrecke stets eine große Anzahl gleicher Stöße zur Eingrenzung des Meßwertes nötig ist. Anderseits ist die Klydonographenmessung mit großen Fehlern behaftet und unsicher.

In verschiedenen Abarten wird der Klydonograph, teils mit ruhendem, teils mit stetig bewegtem Film zur Aufzeichnung von Störungsvorgängen in Hochspannungsnetzen benutzt, wo der Kathodenstrahl-Oszillograph (s. d.) nicht verwendbar ist, so z. B. zur Anzeige von Blitzeinschlägen in Masten.

Stahlstäbchenmessung. M. Toepler hat 1925 vorgeschlagen, zur Messung von Blitzströmen kleine Stahlstäbchen in unmittelbarer Nähe der Erdleitung von Blitzableitern einzubauen, die durch das magnetische Feld des Blitzstromes einen remanenten Magnetismus erhalten. Dieses Verfahren ist seit 1933 durch die „Studiengesellschaft für Höchstspannungsanlagen" in Deutschland in großem Umfang zur Blitzstrommessung auf Freileitungen eingeführt worden. Dabei sind die Stahlstäbchen im Querschnitt fein unterteilt, um die Messung unabhängig vom zeitlichen Verlauf des Blitzstroms zu machen.

Die Stäbchen werden in bestimmter Entfernung (10 bis 50 cm) vom Eckeisen des Eisenmastes in Richtung der magnetischen Feldlinien befestigt und nach jedem Gewitter, das über die Leitung gezogen ist, mit einem Kompaß auf etwa

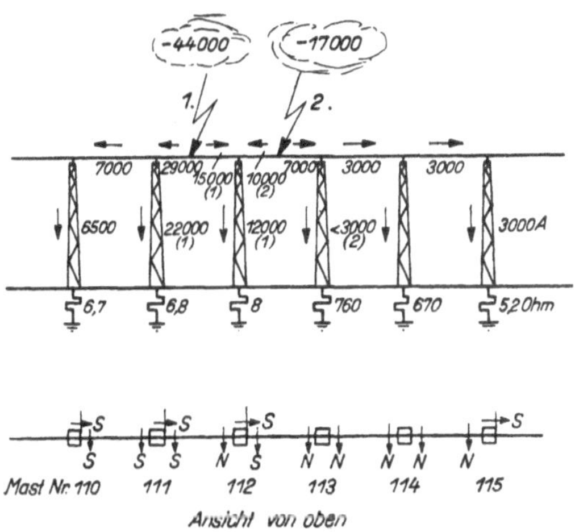

Abb. 37. Beispiel einer Auswertung von Stahlstäbchen-Messungen an einer 50-kV-Leitung. Am Mast Nr. 113 traten wegen des hohen Erdungswiderstandes rückwärtige Überschläge an 5 Hängeketten auf. (n. Zaduk.)

vorhandene Magnetisierung untersucht. Die durch eine nachträgliche Gleichstromeichung bestimmbare Remanenz ist ein bis auf etwa $\pm$ 15% genaues Maß für die höchste aufgetretene Stromstärke. Aus der Polarität der Stahlstäbchen kann die Polarität bzw. Richtung des Blitzstromes bestimmt werden. Durch Anbringung von Stäbchen am Erdseil beiderseits des Mastes kann außerdem die Einschlagstelle des Blitzes festgestellt werden.

Abb. 37 zeigt z. B. das Ergebnis einer Auswertung der Stahlstäbchen-Anzeigen bei direktem Blitzeinschlag in eine Hochspannungsleitung mit Störung durch rückwärtigen Überschlag. Die sich überlagernden Wirkungen beider getrennten Einschläge konnten rechnerisch gleichfalls aus den Angaben der Stäbchen ermittelt werden.

Der Kathodenstrahl-Oszillograph (K. O.) in seinen verschiedenen Ausführungsformen für Hoch- und Niederspannungsmessungen ist heute das vielseitigste und wichtigste Meß- und Registriergerät der Überspannungsforschung. Er besteht aus einem luftleer gemachten Glas- oder Metallgehäuse (vgl. Abb. 38), in welchem ein von einer kalten oder einer Glühkathode ausgehender Kathodenstrahl erzeugt wird. Dieser wird zwischen Paaren von Ablenkplatten durchgeleitet, deren Achsen gegeneinander um 90° versetzt sind. Im allgemeinen wird an das eine Plattenpaar die zu messende Spannung angelegt, an das quer dazu stehende eine Spannung von bekanntem zeitlichen Verlauf. Durch die elektrischen Felder zwischen den Platten wird der Kathodenstrahl um einen Winkel abgelenkt, welcher proportional der an den Platten liegenden Spannung ist. Der Fußpunkt des Strahles ergibt dementsprechende Ausschläge auf einer lichtempfindlichen Schicht (Film, Platte) oder einem Leuchtschirm (z. B. Zinksulfid). Der Ausschlag in der Ordinatenrichtung rührt vom Feld zwischen den Meßplatten her und stellt die zu messende Spannung dar, der waagrechte Ausschlag von den Zeitplatten zieht den Vorgang zeitlich zu einem Kurvenbild auseinander.

Die großen Vorteile des K. O. bestehen nun einmal darin, daß er nicht nur einen einzigen Wert, den Höchstwert irgend

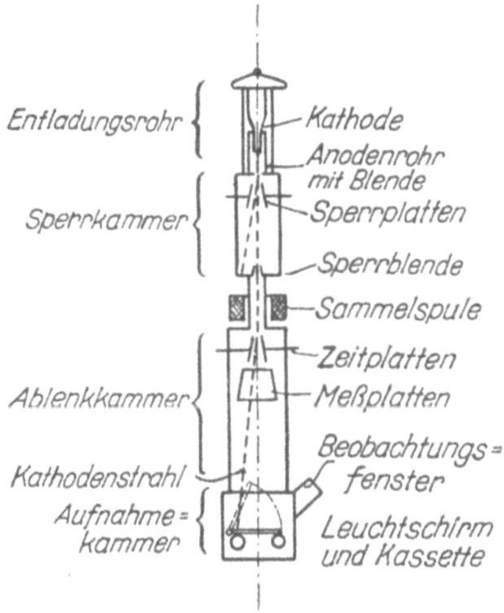

Abb. 38. Kathodenstrahl-Oszillograph mit kalter Kathode (schematisch).

eines Vorganges, sondern den gesamten zeitlichen Ablauf in direkter Schrift liefert, zum anderen darin, daß er im Gegensatz zu dem bekannten Schleifenoszillographen bis zu Zeiten von 1 Milliardstel Sek. herunter trägheits- und verzerrungsfrei arbeitet, und schließlich in der Tatsache, daß er praktisch keine Leistung aus dem zu messenden Vorgang aufnimmt, diesen selbst also nicht verändert.

Die Abb. 39 und 40 stellen Ausführungsbeispiele dar, und zwar die eine für Hochspannungsmessungen, die andere für Niederspannungsmessungen mit vorwiegend periodischem Verlauf des Meßvorganges. Die Aufnahme des Vorganges ist durch direkte Niederschrift im Vakuum oder durch Lenardfenster hindurch außerhalb oder durch Photographieren des Leuchtschirmbildes möglich; in besonderen Fällen werden auch rotierende Trommeln benutzt. Die Empfindlichkeit reicht von einigen Hundertstel Volt (mit Verstärkung) bis

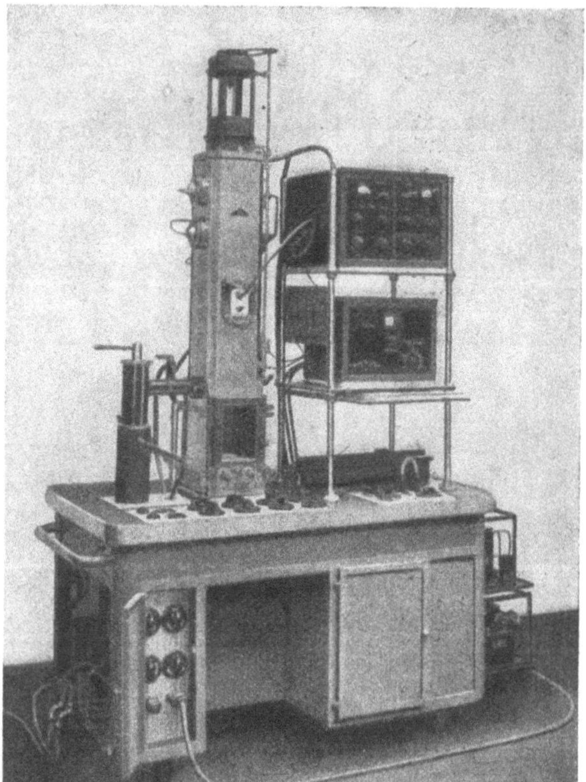

Abb. 39. Kathodenstrahl-Oszillograph, Bauart Hochspannungsgesellschaft.

zu 200 kV (Groß-K. O. nach Binder, Förster und Frühauf), darüber hinaus beliebig weit unter Verwendung äußerer ohmscher, kapazitiver oder gemischter Spannungsteiler.

In dem Zeitbereich von etwa 10^{-2} bis 10^{-9} Sekunden

Abb. 40. 2-Strahl-Oszillograph (AEG) mit Glühkathoden und eingebauten Verstärkern.

kann der K. O. für alle Ausgleichvorgänge, Wanderwellenforschung, Stoßprüfung und Ableiterprüfung (s. d.) benutzt werden, wobei als Abszisse nicht nur die Zeit, sondern auch andere Veränderliche auftreten können. Nach Boekels ist er z. B. auch zur Fehlerortbestimmung auf Leitungen verwendbar, wobei die Entfernung des Fehlers durch die aus dem Oszillogramm zu entnehmende Laufzeit einer Wanderwelle bestimmt wird.

D. Schutz der Leitung gegen Überspannungen.

Ihrer Wirkung nach könnten die Schutzeinrichtungen für die Leitung eingeteilt werden in vorbeugende (z. B. Erdseil, Masterdung) und solche, die nachträglich die Auswirkungen eines Fehlers beseitigen (z. B. Erdschlußspule). Praktisch werden sie aber meist gemeinsam angewendet, und so sollen sie im folgenden nur aufzählend dargestellt werden.

1. Erdseil oder Blitzseil.

Das oberirdische Erdseil dient gleichzeitig mehreren Zwecken. Es schafft durch die Parallelschaltung aller Masterden einen für den gefahrlosen Übergang von Kurzschlußströmen nötigen niedrigen Gesamterdungswiderstand, es trägt das Erdpotential in die Nähe der Leiterseile und verringert dadurch die Höhe induzierter Überspannungen bei plötzlichen Feldänderungen. Besondere Bedeutung ist aber seiner Schirmwirkung bei direkten Blitzeinschlägen beizumessen.

Hieraus ergibt sich die Forderung seiner zweckmäßigen Anordnung im Verhältnis zu den zu schützenden Leiterseilen.

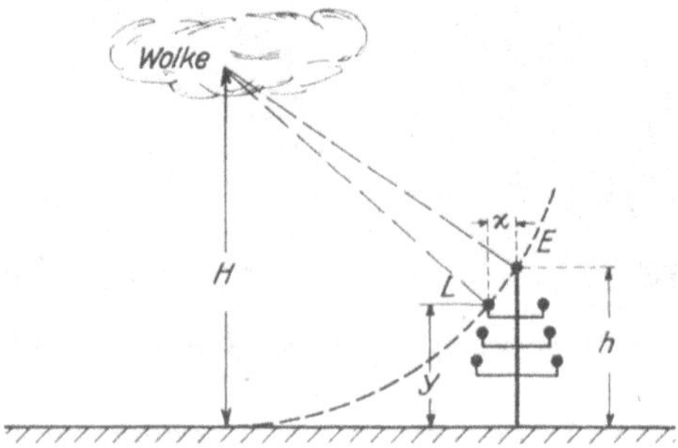

Abb. 41. Geometrische Ermittlung der Schirmwirkung des Erdseils.

Diese Anordnung wird je nach dem gegebenen Mastkopfbild verschieden sein müssen; immer aber ist zu fordern, daß der Blitz eher das Erdseil als ein Leiterseil trifft. Stellt man sich nach Abb. 41 die Wolke als eine Elektrode, die Erdoberfläche und die Leitungsseile als gleichwertige Gegenelektroden vor, so kann man nach rein geometrischen Betrachtungen die nötige Höhe h des Erdseiles bestimmen. Durch die in Abb. 42 wiedergegebene Kurvenschar wird die Ermittlung vereinfacht. Dieses Verfahren hat jedoch erhebliche Mängel: Einmal sind die Elektroden nicht untereinander gleichwertig, denn das Feld oberhalb der Erdoberfläche ist gleichmäßiger als in der Nähe der Seile, zweitens ist die Höhe H der Wolke kein genau angebbarer Wert, wie aus Abschn. C 2 hervorgeht. Die Blitzbahn ist vielmehr so vielfachen zufälligen Einflüssen unterworfen, daß geometrische Schlagweiten hier ihre Bedeutung verlieren. Schließlich spielt die Wellenleitfähigkeit der Seile und des Bodens bei der Ausbildung von Vorentladungen eine große Rolle. Der zur Ausbildung der Vorentladungen nötige Strom muß beim Erdseil über mehrere

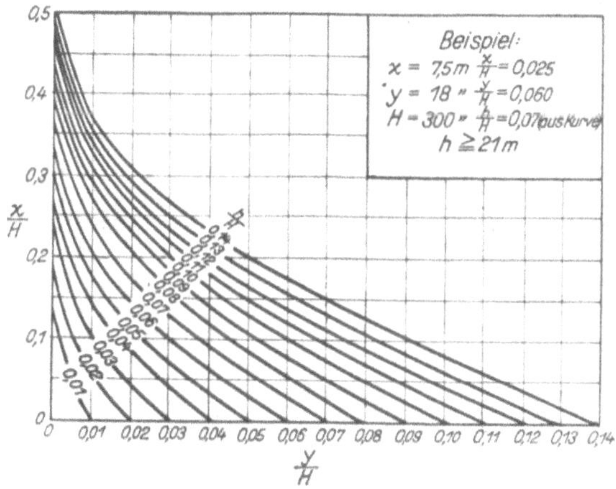

Abb. 42. Zur Ermittlung der nötigen Erdseilhöhe *h* nach Abb. 41 (n. Bewley)

parallele Mastfußwiderstände, beim Leiterseil über den höheren Wellenwiderstand des Seiles zufließen; hierdurch wird die Ausbildung der auf den Blitzkopf anziehend wirkenden Vorentladungsbüschel auf dem Mast und dem Erdseil erleichtert, auf dem Leiter erschwert.

Um diese nicht geometrisch erfaßbaren Einflüsse mit zu berücksichtigen, können Modellversuche, etwa in der Verkleinerung 1 : 100, gemacht werden. Der Blitz wird durch eine von einer Spitze ausgehenden Stoßentladung von z. B. 1000 kV Höhe nachgebildet, die Erde durch eine große Metallfläche, die etwas tiefer liegt als die eigentliche Erdoberfläche

Abb. 43. Modellversuch zur Ermittlung der günstigsten Lage der Erdseile. Modellhöhe 20 cm; pos. Einschlag (AEG).

des Modells. Die vom Modellmast ausgehenden Seile werden mit genau maßstäblichen Durchhängen mindestens zwei Felder weit gespannt und über ihre Erdungs- bzw. Wellenwiderstände geerdet. Die Spitze wird längs und quer zur Leitung und in der Höhe verschoben, die Stöße müssen in beiden Polaritäten gegeben werden. Bei verschiedenen Erdseilanordnungen wird dann die Zahl der Treffer ins Erdseil, in die Erde und in die Leiterseile verglichen. Abb. 43 stellt einen solchen Modellversuch dar, bei welchem die richtige Lage der Erdseile für einen Portalmast mit 3 Leitern in waagrechter Ebene zu bestimmen war[1]). Das Ergebnis kann z. B. in Polarkoordinaten

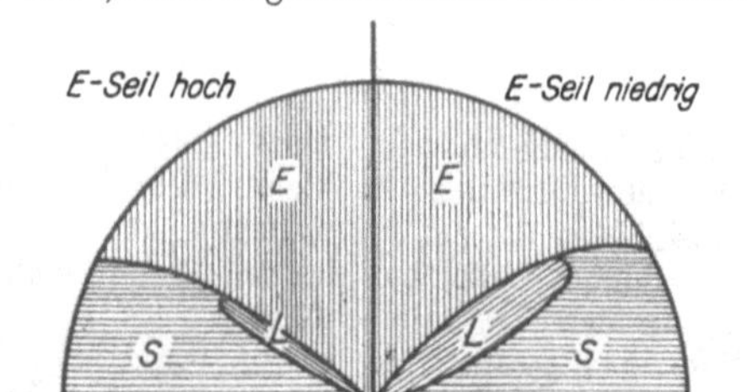

Abb. 44. Verteilung der Treffer im Erdseil (E), Leiter (L) und Sandboden (S) bei schräg einfallendem, negativem Blitz. Mastbild: 2 × 3 Leiter nebeneinander, 2 Erdseile (n. Matthias).

[1]) Photographiert ist ein einziger Einschlag, der aber häufig gegabelt ist. Zu erkennen sind noch weitere Vorentladungen, die nach Bildung des Hauptkanals wieder erloschen.

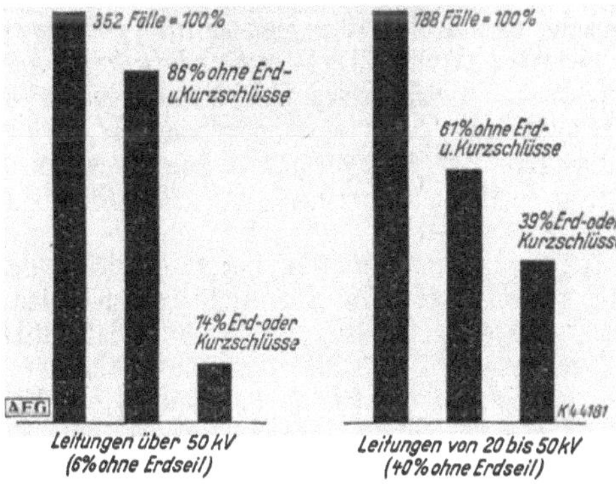

Abb. 45. Störungsanfälligkeit von Freileitungen bei direkten Blitzeinschlägen (n. Grünewald).

dargestellt werden, wie in Abb. 44. Die Neigung des Leitstrahles bezeichnet die Einfallrichtung des Blitzes, die Abschnitte auf dem Leitstrahl geben die Trefferwahrscheinlichkeit in v. H.

Statistische Ermittlungen beweisen gleichfalls den Nutzen des Erdseils als Blitzfänger. Wie zunächst aus Abb. 45 hervorgeht, führt an sich nur ein geringer Anteil aller z. B. mittels Stahlstäbchen-Messung festgestellten Einschläge zu wirklichen Betriebsstörungen. Dieser Anteil ist aber bei Leitungen ohne Erdseil erheblich größer als bei solchen mit Erdseil. Deutlicher wird dies noch aus Tafel 2, welche über die prozentuale Verteilung der Einschlagpunkte Aufschluß gibt.

Tafel 2.

Einschläge in	Erdseil %	Mast %	Leiter %
Leitungen mit 2 Erdseilen	62	38	0
,, ,, 1 Erdseil .	59	37	4
,, ohne Erdseil . .	—	61	39

Da bei 2 vorhandenen Erdseilen praktisch keine, bei 1 Erdseil nur 4% Leiterseiltreffer vorkommen, ist auch die

Störungszahl verhältnismäßig niedrig und ist hauptsächlich auf rückwärtige Überschläge zurückzuführen. Eisenmastleitungen ohne Erdseil weisen jedoch im Durchschnitt 39% Leitereinschläge auf, die fast stets, nämlich in 83 von 100 Fällen, zu Störungen führen. Demgegenüber kommt es bei den 61% Masttreffern (Tafel 2) nur in 7 von 100 Fällen zu einer Störung.

Auf Leitungen mit Erdseilen liegen die Einschlagpunkte laut Tafel 2 zu etwa 60% im Spannfeld zwischen den Masten. An diesen Stellen steht zur Fortleitung des Blitzstromes zunächst nur der Wellenwiderstand des Erdseiles von rd. 250 Ohm (je 500 Ohm nach beiden Seiten) zur Verfügung. Es baut sich also dort vorübergehend eine sehr hohe Spannung auf, bis die entlastenden reflektierten Wellen von den nächstgelegenen Masten her an der Einschlagstelle eintreffen und stufenweise die Spannung bis auf das Potential dieser Masten abbauen. Es empfiehlt sich also, den Abstand Erdseil — Leiterseil in der Mitte des Spannfeldes größer zu machen als am Mast, was durch entsprechende Seildurchhänge zu erreichen ist.

2. Masterdung.

Das Erdseil kann nur dann seine Aufgabe ganz erfüllen, wenn an jedem Mast für eine gute Erdung gesorgt ist; andernfalls tritt im Erdübergangswiderstand ein erheblicher Spannungsabfall auf, welcher das Mastpotential über das Potential der Leiterseile hebt und so zu den rückwärtigen Überschlägen (vgl. Abschn. C 2, S. 26) Veranlassung gibt.

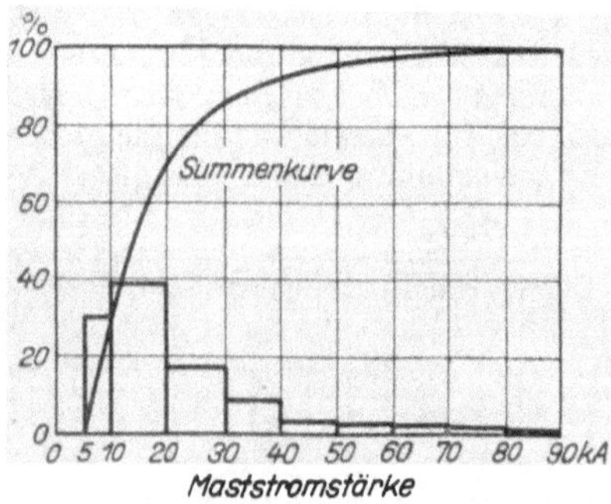

Abb. 46. Häufigkeitsverteilung der Stromstärken in Eisenmasten bei Blitzeinschlägen (n. Grünewald u. Zaduk).

Maßgebend sind also die beiden Faktoren des Produktes Maststrom J_M mal Erdungswiderstand R_E. Der erste Faktor ist aus Abb. 46 zu entnehmen. Demnach sind auf Grund der Stahlstäbchen-Messungen im Mast häufig 20 bis 40 kA, seltener bis 70 kA zu erwarten. Hiervon sind im Durchschnitt je 10% positive, je 90% negative Ableitungsströme.

Damit das Produkt $J_M \cdot R_E$ nicht die Stoßüberschlagspannung der Leitungsisolatoren übersteigt, darf der Erdungswiderstand R_E bestimmte Höchstwerte nicht überschreiten, die aus Tafel 3 zu entnehmen sind.

Tafel 3.

Betriebsspannung kV_{eff}	Isolatoren je Hängekette	Stoßüberschlagspannung ungefähr kV_{max}	Höchster Erdungswiderstand R_E bei Sicherheit bis zu Mastströmen von 40 kA Ohm	60 kA Ohm
30	2 K3	280	7	5
	3 K3	400	10	7
40	4 K3	500	12	8
60	5 K3	600	15	10
	6 K3	700	18	12
100	7 K3	800	20	13
	8 K3	900	23	15
	9 K3	1000	25	17

Die angegebenen Erdungswiderstände sind bei abgehobenem Erdseil zu messen.

Niedrige Masterdungswiderstände sind nicht immer leicht zu erreichen. Bei feuchtem und etwas säurehaltigem Erdboden genügt manchmal schon der Übergangswiderstand des Mastfundamentes allein. Meistens ist es jedoch nötig, eine Erdplatte von etwa 1 m² an den Mast anzuschließen, die in einigen Metern Abstand vom Fundament eingegraben wird, um von ihm unabhängig zu wirken. Besonders günstig sind Staberder, die mindestens 5 bis 10 m tief eingetrieben werden, um bis ins Grundwasser vorzudringen. Der Staberder wird zweckmäßig vom Boden der ausgeschachteten

Fundamentgrube aus eingebracht, wodurch an Rammarbeit gespart wird. Eine Sodafüllung des mit einigen Durchbohrungen versehenen Rohres (Tränkerder) verbessert die Leitfähigkeit des umgebenden Erdreiches, die Füllung muß jedoch nach einigen Jahren erneuert werden. In schwierigeren Fällen müssen mehrere Rohre parallel geschaltet werden; sie müssen dann einen gegenseitigen Abstand vom 1- bis 2-fachen ihrer Länge erhalten, damit sich der Strom jedes Erders ungestört von den anderen ausbreiten kann.

In den letzten Jahren wurden mehrfach Strahlenerder verlegt, das sind vom Mastfuß ausgehende, flach verlegte Seile oder Bänder, die den Masterdungswiderstand beim Versagen anderer Mittel noch herabsetzen können. Sie wirken sowohl durch Verringerung des Übergangswiderstandes an sich wie auch durch ihre wanderwellenmäßige Kopplung mit den Leiterseilen und den oberirdischen Erdseilen. Ihr Erdungswiderstand ist gegenüber Wanderwellen nicht konstant, sondern eine Funktion der Zeit. Zunächst wirkt nur ihr Wellenwiderstand gegenüber dem eigentlichen Erdpotential. Mit dem Fortschreiten der vom Mast kommenden Stromwelle nimmt auch die Ableitung ins Erdreich entsprechend zu, der wirksame Gesamtwiderstand wird dauernd niedriger und geht schließlich in den stationär gemessenen Wert über.

Eine gegebene Strahlenerder-Länge L kann nun entweder in einem einzigen Strang verlegt oder in eine Anzahl kürzerer, strahlenförmig parallel geschalteter Seile aufgeteilt werden. Im letzteren Falle ist zwar der anfängliche Wellenwiderstand noch geringer, auch wird die Übertrittszeit des Stoßstromes verkürzt; dafür ergeben sich andere ungünstige Einflüsse, welche die Wirkung herabsetzen. Auf zu kurzen Bodenseilen werden die Wellen nämlich nicht mehr völlig abgeleitet, so daß reflektierte Wellenteile zum Mast zurücklaufen; ferner bedingt die Nähe der einzelnen Seile eine starke gegenseitige Kopplung, die den Gesamt-Scheinwiderstand erhöht.

Diese Verhältnisse sind in Abb. 47 für eine gesamte verlegte Seillänge $L = N \cdot l = 300$ m dargestellt, die in 1 bis 4 Teile aufgeteilt ist. Der stationäre Ableitungswiderstand ist mit 10 Ohm, der anfängliche Wellenwiderstand eines Seiles mit 150 Ohm vorausgesetzt. Man erkennt, daß die Unterteilung in mehr als 3 Strahlen keine weiteren Vorteile mehr bringt.

Einen Grenzfall stellt das von Mast zu Mast durchlaufende Bodenseil dar. Dieses ist anzuwenden, wenn ein niedrigerer stationärer Ableitungswiderstand als 200 Ohm, mit der Meßbrücke gemessen, nicht zu erreichen ist.

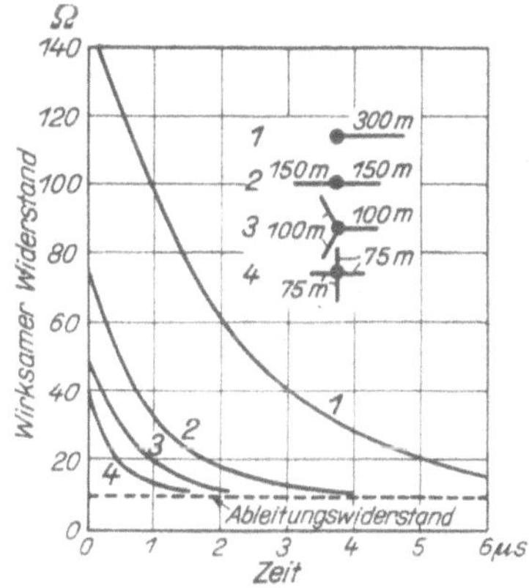

Abb. 47. Zeitlicher Verlauf des wirksamen Widerstandes von Strahlenerdern.

Freileitungen für mittlere Betriebsspannungen werden wegen der niedrigeren Kosten häufig auf Holzmasten ohne Erdseil verlegt. Bei Einschlägen in den Mast besteht dann die Gefahr der Mast-Zersplitterung durch den Blitz (Abb. 48), wodurch länger dauernde Betriebsunterbrechungen entstehen. Die Zersplitterung ist durch „Kurzschließen" des Holzmastes zu vermeiden, d. h. durch einen von der Mastspitze zum Fuß reichenden Draht, der nur zur Vorbeileitung des Stromes dient, ohne daß auf eine besondere Erdung Wert gelegt wird. Aber auch die wirkliche Erdung zugleich mit der Ver-

Abb. 48. Durch Blitzeinschlag zersplitterter Holzmast.

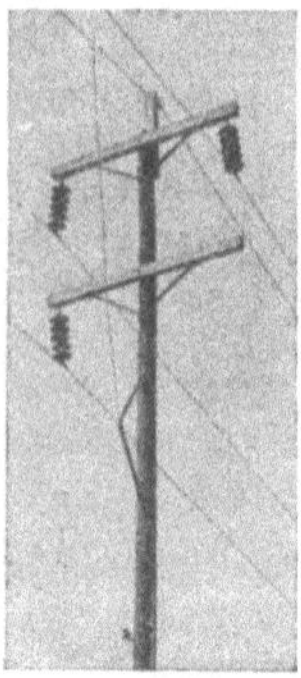

Abb. 49. Erdung des Erdseiles an einem Holzmast.

legung eines Erdseiles kommt bei Holzmastleitungen zur Anwendung. Um den zusätzlichen Isolationswert des Holzes trotzdem auszunützen, wird empfohlen, den senkrechten Draht an einer Stelle auf z. B. 1 m Länge zu unterbrechen, wobei die Drahtenden vom Holz abzubiegen sind, oder ihn in einem gewissen Abstand vom Holzmast herunterzuführen (Abb. 49 .

Ausführliche Anweisungen über die Ausführung von Erdungen sind in der Vorschrift VDE0141/XII.40 zusammengestellt.

3. Erdschlußlöschung.

Von allen auf Freileitungen auftretenden Störungen sind im Durchschnitt etwa 80% einpolige Störungen, d. h. Erdschlüsse. Hieraus ergibt sich die große Bedeutung der Erdschlußlöschung. Sie wirkt im Sinne der Einleitung zu Abschnitt D weniger vorbeugend, sondern hat die Aufgabe, in den Fällen, wo trotz Erdseilen und Masterdung Fehler vorkommen, die schädlichen Wirkungen auf den Netzbetrieb zu verhindern. Netze mit isoliertem Sternpunkt und Erdschlußlöschung sind dabei im Vorteil gegenüber solchen mit starrer Sternpunkterdung (Amerika, Frankreich u. a.), in welchen ein Erdschluß zugleich einen einphasigen Kurzschluß bedeutet.

Über die Wirkungsweise der Erdschlußlöschung und die Verhinderung von Verlagerungsüberspannungen in gekoppelten Leitungen vgl. unter Abschn. B.

4. Röhrensicherung und Blasfunkenstrecke.

In Netzen mit starrer Sternpunkterdung hat man versucht, den Isolatorüberschlag auf andere Weise zu „löschen“. Man hat z. B. die Isolatorkette beiderseits mit Schirmringen versehen, die so angebracht waren, daß ein Überschlag nicht längs der Kette, sondern zwischen den Ringen erfolgen mußte. Der dem Überschlag folgende Kurzschluß wurde dann durch Röhrensicherungen unterbrochen, welche die einzige Verbindung zwischen Ring und Leiterseil bzw. zwischen Ring und Mast bildeten. Wegen der schwierigen Auswechslung der durchgebrannten Sicherungen konnte sich diese Methode allerdings nicht einführen.

Eine andere, ähnliche Anordnung wird jedoch besonders in Amerika mit Erfolg verwendet. Es ist dies die sogenannte Blasfunkenstrecke (expulsion gap oder protector tube), vgl. Abb. 50. Sie besteht aus einem engen Fiberrohr mit metallischen Elektroden, deren eine als Stift im Rohr vorgezogen ist. Die Länge des Rohres ist so bemessen, daß ein

Abb. 50. Blasfunkenstrecke der General Electric Co.

Überschlag von der Leitung nach Erde eher im Innern des Rohres als an der parallel liegenden Hängekette erfolgt. Die sich im Rohr entwickelnden Lichtbogengase werden durch das offene Ende des Rohres hinausgeblasen. Dadurch erlischt der Lichtbogen in 1 bis 3 Halbperioden, ohne daß die Leitung außer Betrieb kommt. In Deutschland werden Ableiter ähnlicher Art unter den Bezeichnungen „Röhrenfunkenstrecke“ oder „Hartgasableiter“ seit 1938 mehr und mehr angewendet, und zwar auch zum Schutz kleiner Stationen oder einzelner Umspanner.

5. Kurzschlußfortschaltung.

Die Wirkung eines Kurzschlusses auf der Leitung kann auch dadurch unschädlich gemacht werden, daß die fehlerhafte Leitung durch Öffnen und sofortiges Wiedereinschalten eines Leistungsschalters für kurze Zeit spannungslos gemacht wird. Versuche haben gezeigt, daß ein Lichtbogen meist nicht mehr neu zündet, wenn die Spannung nach etwa 10 Halbwellen Unterbrechungsdauer wiederkehrt. Anderseits ist diese Spanne kurz genug, um das Außertrittfallen angeschlossener Motore zu verhindern.

Die hierfür benutzten Schalter erhalten einen besonders gebauten Antrieb. Tritt beim Wiedereinschalten der Kurzschluß erneut auf, so trennt der Schalter die Leitung endgültig ab.

6. Schutz von Niederspannungsleitungen.

Über die Überspannungserscheinungen auf Niederspannungsleitungen (z. B. Ortsverteilung 380/220 V) liegen nur wenige direkte Messungen vor. Grundsätzlich gilt jedoch meist dasselbe wie für Hochspannungsnetze. — Ein Schutz gegen direkte Blitzeinschläge (Erdseil, Masterdung) ist wirtschaftlich nicht vertretbar. Direkte Einschläge scheinen aber bei der geringen Höhe der Niederspannungsmaste auch seltener zu sein als bei Hochspannungsleitungen, wenn man alles auf 1 km Leitungslänge bezieht. Induzierte Blitzüberspannungen sind häufig und wegen der verhältnismäßig schwachen Leitungsisolation auch gefährlich. Ein Überschlag auf der Leitung ist bei induzierten Überspannungen aber nur zu erwarten, wenn die Isolatorenstützen geerdet sind, was selten der Fall ist. Ein Überschlag von Leiter zu Leiter kommt bei induzierten

Abb. 51. Überspannungsschutz in einem 380/220-Volt-Ortsnetz.

Überspannungen gleichfalls nicht in Frage, da alle Leiter im Potential gleichmäßig gehoben werden.

Im Gegensatz zu Hochspannungsleitungen ist es hier technisch und wirtschaftlich vertretbar, Überspannungsableiter auf der Leitung selbst einzubauen (Abb. 51). In den VDE-Vorschriften (VDE 0145/1933) wird empfohlen, die Ableiter in Abständen von etwa 1 bis 3 km entlang der Leitung anzubringen. Erfahrungsgemäß besonders gefährdete Punkte sind dabei natürlich besonders zu berücksichtigen.

7. Schutz von Fernmeldeleitungen.

Als Freileitung verlegte Fernmeldeleitungen sind der Gefährdung durch Gewitterüberspannungen wie auch der Beeinflussung von fremden Starkstromleitungen ausgesetzt. Durch weitgehende Verkabelung wurde im Laufe der Jahre die letztgenannte Gefahr weitgehend herabgemindert. Als Luftkabel bleibt die Fernmeldeleitung weiterhin der Blitzgefahr ausgesetzt, denn es kommt vor, daß an der Einschlagstelle der Bleimantel geschmolzen und die Isolation durchschlagen wird.

Nach Peters und Schulz verteilen sich die Beschädigungen von Fernmeldeleitungen durch Überspannungen wie folgt:

10% unmittelbarer Blitzeinschlag in Freileitungen (Mastzersplitterungen, Zerstörung von Isolatoren, Schmelzen von Leitungsdrähten usw.),
5% desgl. in Erd- und Luftkabeln,
60% Kabeldurchschläge am Übergang von Freileitung in Erdkabel,
15% desgl. Übergang in Luftkabel,
10% desgl. in kurzen Kabelstücken im Zug einer Freileitung.

In den drei letztgenannten Fällen wirken die Freileitungen also als Zubringer der Überspannungen, die Kabeldurchschläge liegen dann meist in den ersten 30 m Kabellänge.

Als Schutz der Freileitungen gegen direkte Einschläge kommt allein die Anbringung von geerdeten Auffangstangen etwa an jedem 5. Mast wirtschaftlich in Frage. Am Übergang in ein Kabel werden die Wanderwellen zwar in der Höhe herabgesetzt, und zwar z. B. von 50 kV auf 9 kV (nach

Abschn. C 1, Gl. 6)), wenn die Freileitung $Z_1 = 500$ Ohm, das Kabel $Z_2 = 50$ Ohm Wellenwiderstand hat. Aber auch diese natürliche Herabsetzung reicht in den meisten Fällen nicht aus, da bei Fernmeldekabeln nur mit einer Durchschlagsfestigkeit von 3—5 kV zu rechnen ist. In kurzen Kabelstücken steigt außerdem die Spannung infolge mehrfacher Reflexion schnell auf den Wert der ursprünglichen Welle auf der Freileitung. Man schützt daher alle Kabelenden durch Überspannungsableiter von jeder Ader nach Erde, vgl. Abb. 52. Sie müssen so gebaut sein, daß sie einerseits auch bei steilen

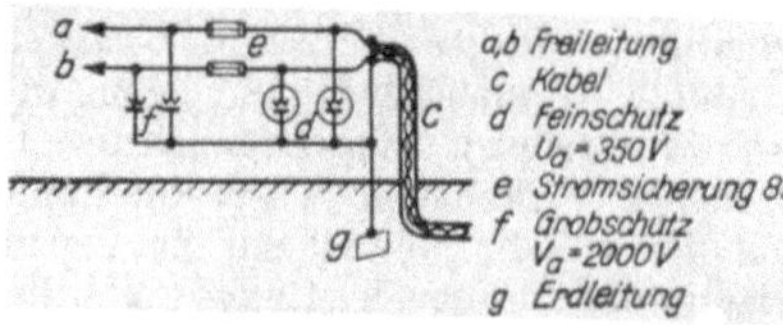

Abb. 52. Anordnung des Überspannungsschutzes am Kabeleingang einer Fernsprech-Doppelleitung (n. Peters u. Schulz).

Wellen ansprechen, ehe das Kabel durchschlägt, anderseits müssen sie sowohl induzierte Wellen wie auch den vollen Blitzstrom eines direkten Einschlages ohne wesentliche Beschädigung nach Erde ableiten können.

8. Kabel.

In Kabelnetzen, die nicht mit Freileitungen zusammenhängen, fällt die Gefahr von Gewitterüberspannungen fort und es verbleiben die Schaltüberspannungen, die je nach der Lage des Einzelfalles am besten am Entstehungsort bekämpft werden (vgl. Abschn. B). In vielen Fällen genügt der Einbau einer Erdschlußlöschung, um die Fehlerzahl stark herabzusetzen.

Der Übergang von einer Freileitung auf ein Kabel ist meist ein besonders gefährdeter Punkt (vgl. D 7), wenn auch das Mißverhältnis zwischen Freileitungs- und Kabelisolation in Mittel- und Hochspannungsnetzen nicht so stark ist wie in Fernmeldeanlagen.

Eine besondere Stellung nehmen die Kabel ein, welche als Einführung der Freileitung in die Station und gleichzeitig als Überspannungsschutz dienen. Sie sind in Abschn. E 1 mit behandelt.

E. Schutz der Station.

Dieser Abschnitt enthält nur diejenigen Gesichtspunkte, die bei der Auswahl und dem Einbau von Schutzeinrichtungen in den Stationen maßgebend sind; die Beschreibung der Schutzgeräte selbst ist jedoch dem Abschn. F vorbehalten.

1. Der Übergang Leitung — Station, Isolationsabstufung.

Die Isolation der Freileitung einerseits, der Station[1]) andrerseits muß aus betriebstechnischen und wirtschaftlichen Gründen nach sehr verschiedenen Gesichtspunkten gewählt werden. Die Freileitung, welche nicht im gleichen Maße dauernd unter Aufsicht stehen kann wie eine bediente Anlage, verlangt schon aus diesem Grunde eine genügende Sicherheitsreserve. Nebel und Verschmutzung können den Isolationswert herabsetzen, Isolatorenfehler sind auf der Leitung bedeutend schwerer zu finden als in der Station. Diese Umstände führen dazu, der Leitung eine höhere Isolation zu geben als der Station. Besonders groß kann der Unterschied werden, wenn die Station als Innenraumanlage ausgeführt ist, bei welcher auf Verschmutzung und Witterung keine Rücksicht genommen werden muß.

Die Unterschiede in der Stoßfestigkeit sind noch größer. Diese ist nämlich fast unabhängig von Verschmutzung und Feuchtigkeit der Isolatoren, so daß die Freileitungsisolatoren vielfach höhere Stoßüberschlagspannungen als die der gleichen Reihenspannung entsprechenden Innenraumisolatoren haben. Überspannungen, die auf der Freileitung noch keine Störungen herbeiführen, können also die für die Station zulässige Grenze weit übersteigen.

---

[1]) Unter Station ist hier im Gegensatz zu einer Leitung allgemein jede Anlage mit elektrischen Geräten zu verstehen, also Erzeuger-, Verteiler- und Verbraucherstellen jeder Art.

Eine zweckmäßige Isolationsabstufung soll die hieraus entstehenden Schwierigkeiten verringern. Als Mittel kommen in Frage:

a) Erhöhung der Stationsisolation. — Sie ist nur in Sonderfällen wirtschaftlich durchführbar. Beispiel: Eine 30 kV-Leitung mit 3 Isolatoren K3 läßt noch Wanderwellen von etwa 380 kV_{max} zu, welche in einer Kopfstation durch Reflexion auf 760 kV erhöht werden können. Die Station müßte mindestens nach Reihe 150 isoliert werden, um ohne zusätzlichen Schutz diesen Beanspruchungen gewachsen zu sein.

b) Allgemeine Herabsetzung der Stoßfestigkeit der Freileitungsisolation bei Erhaltung ihrer Wechselfestigkeit. — Dies kann durch Parallelfunkenstrecken mit geringer Schlagweite geschehen. Insbesondere sind solche mit großflächigen Elektroden, die durch ihr homogenes Feld einen niedrigen Stoßfaktor geben, vorgeschlagen worden; Schnee und Vogelflug führen dann aber leicht zu Störungen.

c) Anbringung einer schwächer isolierten Stelle kurz vor der Station. — Diese kann in einer Begrenzungsfunkenstrecke, auch in Verbindung mit einem Überspannungsableiter bestehen. Sie kann auch durch eine Herabsetzung der Leitungsisolation gebildet werden, die sich von der Station über mehrere Spannfelder, etwa auf 500 bis 1000 m, erstreckt. Auf dieser „Schutzstrecke" wird, insbesondere bei Holzmastleitungen, ein Erdseil mit besonders guter Erdung an jedem Mast angebracht. Es begrenzt nicht nur die Höhe der einlaufenden Wellen, sondern schützt auch vor den in unmittelbarer Nähe der Station besonders gefährlichen direkten Leiterseileinschlägen.

d) Herabsetzung der Wellenhöhe in der Station durch Überspannungsableiter, vgl. die folgenden Abschnitte.

Alle genannten Maßnahmen können auch vereint zur Anwendung kommen. Wichtig ist dabei der Gesichtspunkt, daß ein Überschlag — wenn er nicht ganz zu verhindern ist — eher in geringer Entfernung außerhalb der Station auftreten soll, als an den empfindlichen Geräten der Anlage, wo jede Beschädigung Betriebsausfall und bedeutendere Kosten verursacht. Die Stoßkennlinien der „schwachen Stelle" und der Station, vgl. Abschn. C 3, müssen dementsprechend einander angeglichen werden.

Als Übergang von der Freileitung in die Station wird außer der schwächer isolierten Strecke (s. oben) häufig auch ein Einführungskabel verwendet. Bei genügender Länge setzt es durch seinen gegenüber der Freileitung niedrigen Wellenwiderstand wie auch durch seine größere Dämpfung die

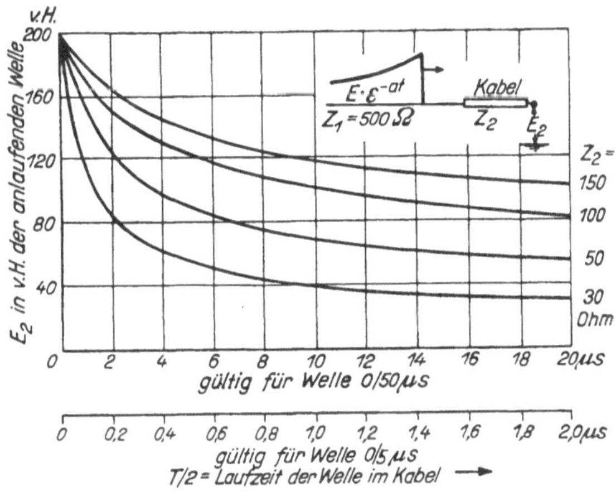

Abb. 53. Wirkung eines Schutzkabels in einer Kopfstation, höchste Spannung am Kabelende.

Wellenhöhe herab und wirkt dadurch selbst als Überspannungsschutz für die dahinterliegende Station. Am Kabelende tritt jedoch in der Kopfstation ebenfalls eine Spannungserhöhung durch Reflexion ein. Die nach dem Kabelanfang hinlaufende reflektierte Welle wird dort nochmals positiv reflektiert u. s. f., so daß bei langem Wellenrücken die Spannung am Kabelende doch stufenweise fast bis zur vollen Höhe der anlaufenden Welle anwächst. Maßgebend für die Schutzwirkung sind also die Wellenform, die Kabellänge und der Wellenwiderstand von Kabel und Freileitung. Nach den Wanderwellengesetzen erhält man für eine anlaufende Welle der Form $e = E_0 \cdot \varepsilon^{-at}$ und für verlustlose Kabel die Spannung am Kabelende E_2 nach n Stufen zu:

$$E_2(n) = AE_0 \cdot \frac{B^n - \varepsilon^{-naT}}{B - \varepsilon^{-aT}},$$

worin
$$A = \frac{2Z_2}{Z_1 + Z_2}\left(1 + \frac{Z_3 - Z_2}{Z_3 + Z_2}\right)$$
$$B = \frac{Z_1 - Z_2}{Z_1 + Z_2} \cdot \frac{Z_3 - Z_2}{Z_3 + Z_2}$$

Z_1 = Wellenwiderstand der Leitung
Z_2 = Wellenwiderstand des Kabels
Z_3 = Wellenwiderstand der weitlaufenden Leitung
T = Zeit eines Hin- und Rücklaufes im Kabel.

$E_2(n)$ ist eine auf- und wieder absteigende Treppenkurve, deren jeweilige Höchstwerte unter verschiedenen äußeren Bedingungen in Abb. 53 dargestellt sind. Die Abszisse ist in μs Laufzeit ausgedrückt, man erhält sie aus der in Metern gemessenen Kabellänge L zu $\frac{1}{2}T[\mu s] = \sqrt{\varepsilon} \cdot L/300$, worin ε die Dielektrizitätskonstante. Es ist etwa: $\varepsilon = 3{,}4$ für ölgefülltes Papier, $\varepsilon = 4{,}4$ für Gummiisolation. — Um in einer Kopfstation eine 0|50 μs-Welle auf die Hälfte ihrer ursprünglichen Höhe abzusenken, ist also z. B. bei einem angenommenen Wellenwiderstand von 50 Ohm ein Kabel von etwa 3000 m Länge nötig.

2. Stationsschutz, allgemeine Richtlinien.

Bei ausgedehnten Freiluftstationen besteht genau wie bei den Freileitungen die Gefahr eines direkten Blitzeinschlages in einen Leiter. Häufig wird daher ein Erdseil bzw. ein Netz von Erdseilen über der Anlage vorgesehen, welches mit dem Erdseil der Schutzstrecke einerseits und der Schutzerde der Station anderseits verbunden ist. Zusammen mit den früher beschriebenen Maßnahmen zur Isolationsangleichung ergibt dies für den Übergang von der Freileitung zur Station ein Gesamtbild ähnlich Abb. 54, von dem je nach der örtlichen Lage auch einzelne Teile wegfallen können. Generatoren, die auf ein Freileitungsnetz arbeiten, erhalten einen besonderen Schutz, vgl. Abschn. F 3.

Eine Abstufung der Isolation innerhalb der Station wird vielfach angestrebt. Sie ist aber nur selten wirklich zu erreichen, da meist Geräte von sehr verschiedener Stoßfestigkeit in einer Station verteilt sind, deren Stoßkennlinien sich jedoch überschneiden können. Es wäre eine recht grobe Stufung von Schutzfunkenstrecken nötig, um die einzelnen Anlageteile „selektiv" zu machen. Erstrebt wird, die am leichtesten zu ersetzenden Teile (z. B. Stützer) am schwächsten, die wertvollsten (z. B. Transformatorwicklung) am sichersten zu machen. So soll beispielsweise ein Transformator eher außen über- als innen durchschlagen werden. Nun ist zwar die innere

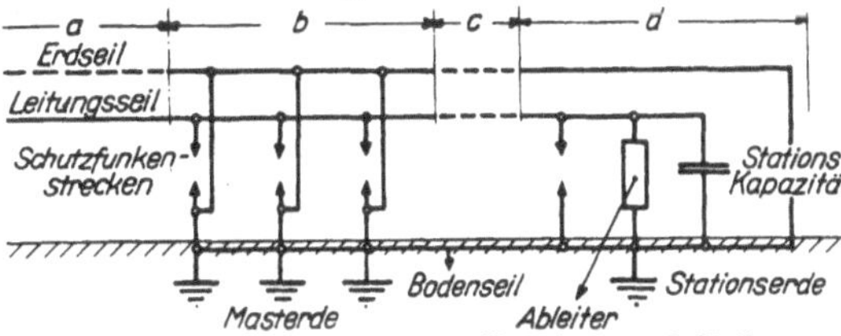

Abb. 54. Isolationsabstufung von Freileitung und Station.

Isolation für Freiluft- oder Innenaufstellung des Transformators die gleiche, nicht aber die Festigkeit der Durchführungen. An den Freiluftdurchführungen wird deshalb eine Schutzfunkenstrecke angebracht, um die zu hohe Stoßüberschlagspannung der Freiluftdurchführung auf die der Innenraumdurchführung herabzusetzen.

Der Erdung der Station ist besondere Aufmerksamkeit zu schenken (vgl. hierzu die „Vorschriften für Erdungen in Wechselstromanlagen über 1 kV", VDE 0141/XII. 40). Da in größeren Anlagen die Entfernung eines Gerätes vom eigentlichen Erder schon eine Rolle spielt, werden mehrere Erder verteilt angebracht. Alle Schutzfunkenstrecken und Ableiter der Station sind mit ihren erdseitigen Klemmen an diese Schutzerde anzuschließen, wie auch die geerdeten Teile aller Geräte, vgl. Abb. 55b. Hierdurch wird erreicht, daß die vom Ableiter zugelassene Begrenzungsspannung wirklich gleich ist der an der Stationsisolation auftretenden. Nach Abb. 55a würde sich dagegen der Spannungs-

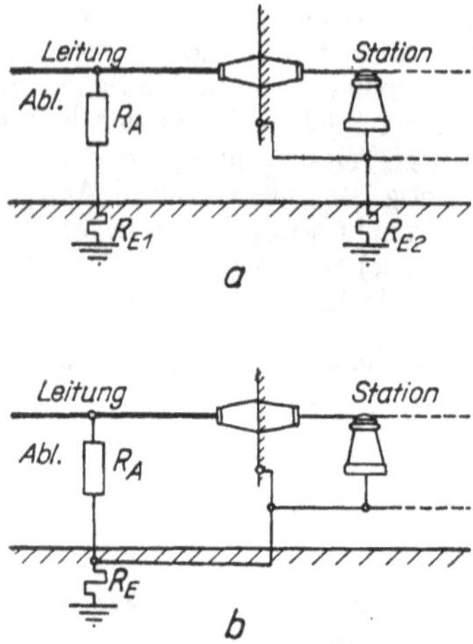

Abb. 55. Erdung von Ableiter und Station: a) falsch, b) richtig.

abfall des Ableiterstromes im Erdungswiderstand R_{E_1} zur Ableiterspannung addieren, die Stationsisolation würde also höher beansprucht. Die Trennung der beiden Erden wurde früher damit begründet, daß in der Anordnung b die ganze Schutzerde der Station um den Betrag des Spannungsabfalles in R_E über das Erdpotential gehoben wird, wodurch für die Bedienung Gefahren entstehen könnten. Diese Besorgnis hat sich jedoch als unbegründet erwiesen. Z. Zt. ist nur in Frankreich der Zusammenschluß beider Erden verboten, während er sonst überall empfohlen wird.

Vorhandene Überspannungsableiter sind auf dem kürzesten Wege mit Leitung und Erde zu verbinden. Unnötig lange Zuleitungen, besonders größere Schleifen, verringern die Schutzwirkung und den räumlichen Wirkungsbereich der Ableiter.

Für den günstigsten Einbauort von Überspannungsableitern läßt sich eine allgemeine Regel nicht aufstellen.

a) Im Netz: Kopfstationen sind nach Theorie und Erfahrung stärker gefährdet als Durchgangsstationen. Daneben entscheiden aber andere, aus der Betriebsstatistik zu entnehmende Umstände, z. B. besondere Gewitterhäufung in einzelnen Gegenden, die besondere Betriebswichtigkeit oder die besonders schwache Isolationen einer Anlage. In Kabelnetzen wird der Übergang von der Freileitung ins Kabel geschützt, im übrigen sind die üblichen Überspannungsableiter für Kabel weniger geeignet.

b) In der Station: Grundsatz ist, den Ableiter so nahe als möglich an die zu schützenden Punkte heranzubringen. Entfernungen bis zu etwa 20 m sind dabei jedoch unbedenklich. Es ist deshalb z. B. für die Wirkungsweise des Ableiters gleichgültig, ob er unmittelbar vor oder hinter den Durchführungen einer Ortsabspannstelle angeschlossen wird. Auch rechtwinklige Knicke in der Leitungsführung spielen praktisch keine Rolle. — In kleinen Stationen mit nur einer abgehenden Leitung wird der Ableiter deshalb entweder an die Sammelschiene oder, um Raum zu sparen, bei gleicher Wirkung vor den Einführungen an der Außenwand angebracht. — Stationen mit mehreren abgehenden Leitungen sind durch die Wellenaufteilung schon teilweise selbst geschützt. Beim Ausfallen einer oder mehrerer Leitungen durch Kurzschluß kann die Station aber zur Kopfstation werden. Man ordnet daher meist jeder abgehenden Leitung einen Satz Ableiter zu (Abb. 56b) und erreicht hierdurch, daß auch die Enden abgeschalteter Leitungen mitgeschützt bleiben und Überschläge am offenen Leitungstrennschalter verhindert werden.

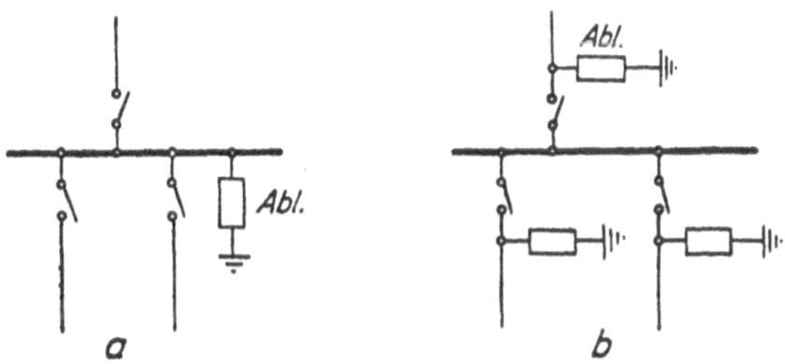

Abb. 56. Anordnung von Ableitern in einer Durchgangsstation: a) ungenügender, b) richtiger Schutz.

3. Stationsschutz, besondere Anwendungen.

Seine weitaus häufigste Anwendung findet der Überspannungsableiter als Schutz gegen Schalt- und Gewitterüberspannungen, die zwischen Phase und Erde verlaufen. Daneben gibt es im Stationsschutz noch eine Reihe von Sonderaufgaben; einige der wichtigeren sind nachstehend behandelt.

a) Sternpunktschutz.

In Hochspannungsnetzen, die mit isoliertem Sternpunkt betrieben werden, kommt es gelegentlich zu Überschlägen

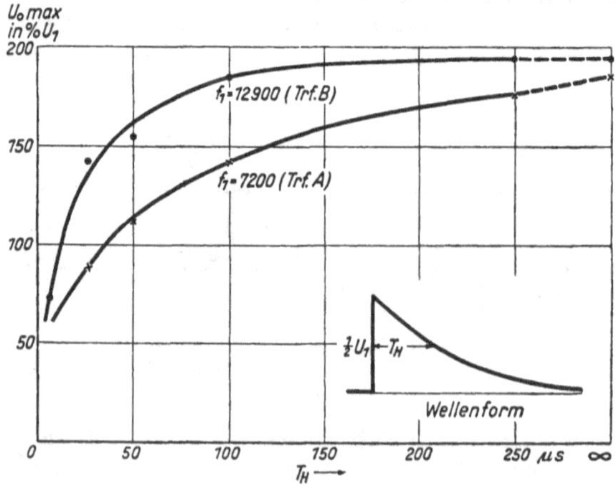

Abb. 57. Überspannungen am Sternpunkt von Transformatoren.

am Sternpunkt der Transformatoren, die je nach dem augenblicklichen Betriebszustand des Netzes mehr oder weniger störende Folgen haben. Bei symmetrischem Netz erfolgt nur eine einmalige, klatschende Entladung der Transformator-Kapazität, die häufig gar nicht bemerkt wird, weil sie keine weiteren Folgen hat; besteht aber schon ein Erdschluß im Netz, so schließt der Sternpunktüberschlag einen einphasigen Kurzschluß und die Leitung muß abgeschaltet werden. Ebenso entsteht ein Kurzschluß, wenn der Überschlag vom Sternpunkt nicht zum geerdeten Kessel sondern zu einer Klemme geht. Stets aber bedeutet der Überschlag am Sternpunkt für die Wicklung selbst eine gewisse Gefahr, da die Windungsisolation dabei hoch beansprucht wird.

Die äußeren Bedingungen für Sternpunktüberspannungen liegen besonders dann vor, wenn die 3 Klemmen des Transformators gleichzeitig von gleichpoligen und annähernd gleich hohen Stoßwellen getroffen werden, also bei induzierten Blitzüberspannungen (vgl. Abschn. C 2). Die Wicklung führt dann Eigenschwingungen aus (vgl. Abschn. G), deren Spannungsbäuche am Sternpunkt liegen.

Die Höhe der Sternpunktüberspannungen hängt sowohl von der Bauart des Transformators wie von dem zeitlichen Verlauf der die Klemmen treffenden Stoßwellen ab. Für zwei kleinere Transformatoren von 15 kV Oberspannung und 75 bzw. 400 kVA Leistung (A bzw. B) sind gemessene Werte der Überspannung U_0 am Sternpunkt in Abb. 57 zusammengestellt.

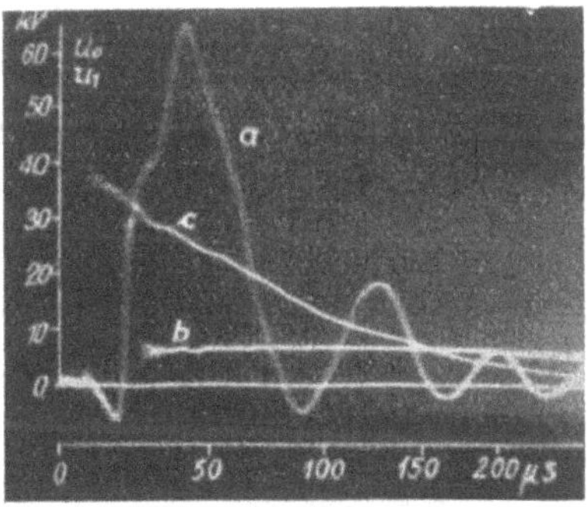

Abb. 58. Wirkung eines Ableiters auf die Sternpunktschwingung eines Transformators: a) Sternpunktspannung ohne Ableiter, b) dasselbe mit Ableiter, c) Verlauf der Stoßspannung an den Klemmen.

Ein zwischen Sternpunkt und Erde geschalteter Überspannungsableiter wirkt in doppelter Weise, nämlich gleichzeitig absenkend und dämpfend auf die freie Sternpunktschwingung (Abb. 58). Er ist daher hier ein wirksamerer Schutz als ein Kondensator, der hauptsächlich die Schwingung verlangsamt und sie nur bei kurzdauernden Stößen auch absenkt.

b) Wicklungen im Zug der Leitung.

Eine im Zug der Leitung liegende Wicklung bietet durch ihre Induktivität den Wanderwellen mit steilem Spannungsanstieg ein Hindernis. Nach Gl. 10), Abschn. C wird die Welle zunächst aufgestaut, so daß im Grenzfall die doppelte Wellenspannung an der Induktivität liegt. Die Isolation entlang der Wicklung wird dadurch meist unzulässig beansprucht. Zu ihrem Schutz wird ihr ein Ableiter oder Kondensator parallel geschaltet (vgl. Abb. 59). Dieser hat nun nicht mehr die Aufgabe, die Spannung gegen Erde abzusenken, sondern die Welle ohne gefährlichen Spannungsabfall an der Wicklung vorbeizuleiten.

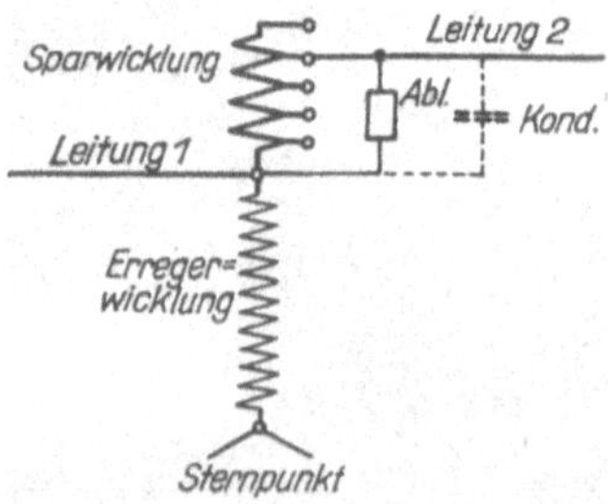

Abb. 59. Schutz einer im Zug der Leitung liegenden Sparwicklung.

Beispiele hierfür sind die Sparwicklungen von Regeltransformatoren, die Spulen von Primärrelais und ähnlichen Auslösern, die Primärwicklungen von Stromwandlern, ferner die Drosseln zur Begrenzung des Kurzschlußstromes und die sogenannten Telephoniesperren der Hochfrequenztelephonie auf Hochspannungsleitungen.

Je nach der Höhe des betriebsmäßigen Spannungsabfalles an der Induktivität wird der Widerstand unmittelbar (z. B. bei Stromwandlern, Abb. 60) oder unter Vorschaltung einer Funkenstrecke parallel gelegt. Im ersten Fall muß der Widerstand genügend hochohmig sein, um keinen merklichen Übersetzungsfehler zu ergeben, aber niederohmig gegen Überspannungswellen. Man benutzt daher spannungsabhängige Widerstände (vgl. Abschn. F 4).

Induktivitäten werden auch dadurch manchmal für eine Anlage gefährlich, daß sie mit der Kapazität von Anlageteilen einen Schwingungskreis bilden. Auch kann ihre Eigenschwingung von einer auftreffenden Wanderwelle oder durch

Abb. 60. Stromwandler mit spannungsabhängigem Überbrückungswiderstand.

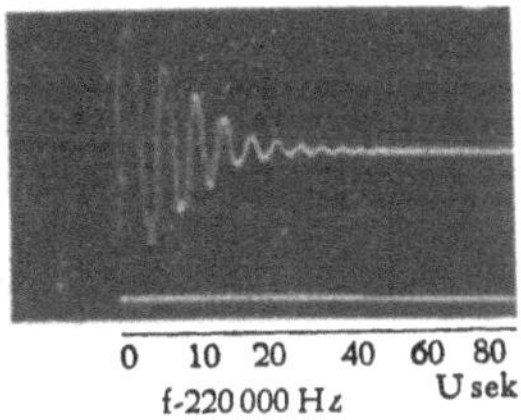

Abb. 61. Eigenschwingung einer Strombegrenzungsdrossel.

einen Schaltvorgang angeregt werden (Abb. 61). Sie wird gleichfalls durch Überbrückung mit Widerständen oder Ableitern begrenzt.

c) Gleichrichteranlagen.

In Quecksilberdampf-Gleichrichtern entstehen manchmal Überspannungen dadurch, daß bei zu kaltem Gleichrichter der Anodenstrom plötzlich abreißt. Die magnetische Energie des Transformators setzt sich dann in elektrostatische um

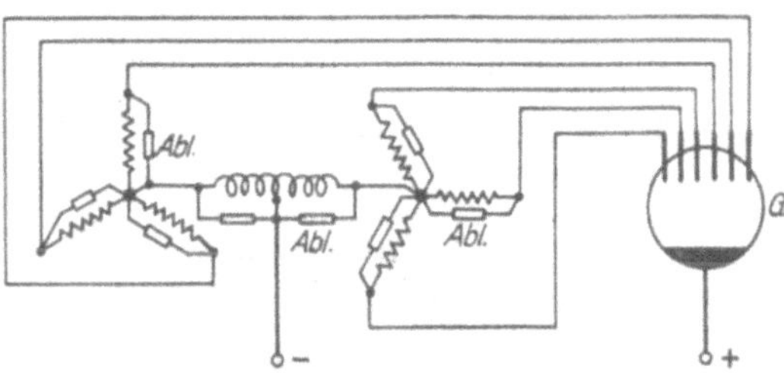

Abb. 62. Überspannungsschutz einer Großgleichrichter-Anlage.

(vgl. Abschn. B), wodurch Überschläge am Transformator oder Gleichrichter entstehen. Überspannungsableiter oder Kondensatoren werden daher zwischen Sternpunkt und Klemmen des Transformators und gegebenenfalls parallel zur Saugdrossel gelegt (Abb. 62).

d) Niederspannungsanlagen.

Überspannungen, die im Hochspannungsnetz ihren Ursprung haben, können sich über den Transformator hinweg als steilstirnige Wanderwellen in das Niederspannungsnetz fortpflanzen. Ein Niederspannungsschutz wird also zweckmäßig schon unmittelbar am Transformator angebracht. Seine Erdleitung kann im allgemeinen mit dem Transformatorkessel unmittelbar verbunden werden, doch gibt es Sonderfälle, wo eine getrennte Erdung ratsamer ist.

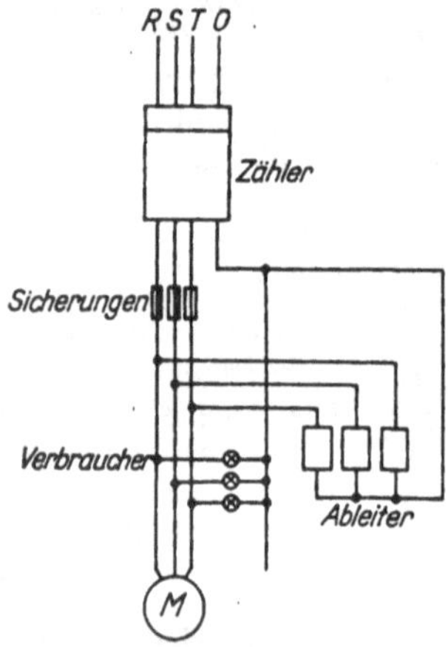

Abb. 63. Schutz einer 4-Leiter-Anlage mit geerdetem Nulleiter.

In der Hausinstallation sind besonders die Zählerspulen empfindlich gegen Überspannungen, dann aber auch viele Haushaltgeräte, wie Staubsauger, Haartrockner und andere Geräte mit Antriebsmotoren. Ihr Schutz ist in weitem Umfang durch Niederspannungsableiter möglich, die zu diesem Zweck eine für die Anbringung auf Hausverteilungstafeln besonders geeignete Form erhalten. Ein Einbaubeispiel zeigt Abb. 63.

e) Großsendeanlagen.

Gewittereinflüsse können zu Beschädigungen des Senders und zu Betriebsausfall führen (bis zu 1‰ der Sendezeit im Juni 1935). Direkte Blitzeinschläge in den Antennenmast sind besonders gefährlich, aber doch selten. Häufiger sind indirekte Überspannungen durch kapazitive Aufladung im Gewitterfeld.

Die Antenne ist für den Abfluß der Aufladungen über eine hochohmige Drossel geerdet. Bei einer Blitzentladung in der Umgebung der Antenne wird die gebundene Ladung der Antennenspitze frei und macht sich als Überspannung am Mastfuß bemerkbar. Als ,,Ableiter" dient eine Sicherheitsfunkenstrecke, welche nach dem Überschlagen von einem hochfrequenten, vom Sender gelieferten Strom durchflossen wird. Dieser erlischt allerdings bei größerer Senderleistung nicht von selbst und muß daher durch Abschaltung des Senders in möglichst kurzer Zeit entionisiert werden, ehe sich die Elektroden erhitzen. Eine hierfür angewandte Schutzschaltung (Peters) benutzt eine Brückenanordnung, die auf die Blindleistungsänderung anspricht. Bei Verstimmung der Brücke erhält die Endstufe eine hohe negative Gitterspannung, wodurch die Antenne in 10^{-3}s spannungslos wird. Das Wiederzuschalten kann automatisch erfolgen.

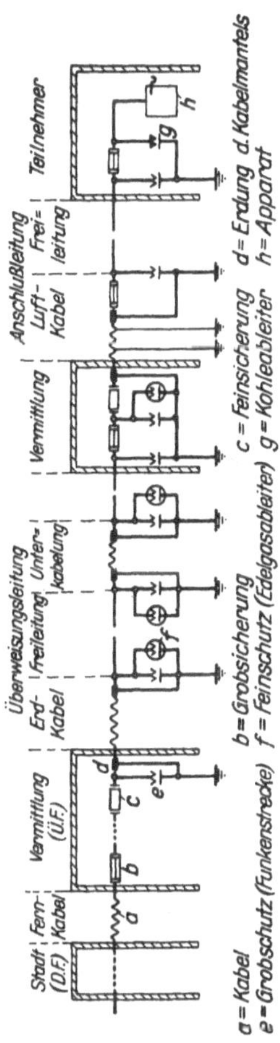

Abb. 64. Schutzeinrichtungen an einer Fernsprechverbindung (n. Peters).

f) Fernsprecheinrichtungen.

Als ,,Stationen", die eines Überspannungsschutzes bedürfen, sind alle Vermittlungsämter, Verstärkerstellen, die Übergänge von Freileitung auf Kabel und alle Teilnehmer zu verstehen. Der Schutz wird grundsätzlich in der schon im Abschnitt D 7 beschriebenen Weise angeordnet.

er besteht also aus Grob- und Feinschutz mit gemeinsamer Erdung, in Verbindung mit Sicherungen. Als Beispiel ist in Abb. 64 die Schaltung einer Fernverbindung gezeigt: Ein Teilnehmer führe ein Ferngespräch, das über zwei kleinere Vermittlungsämter geht, deren Netz zum Teil als Freileitung geführt ist. Für beide Adern sind hier schon 26 Ableiter nötig. Vergegenwärtigt man sich, in welchen Stückzahlen die Ableiter also verwendet werden, so erhellt daraus die große wirtschaftliche Bedeutung der Schutzeinrichtungen.

F. Überspannungs-Schutzgeräte.

1. Haupteigenschaften.

Überspannungs-Schutzgeräte müssen zahlreiche Eigenschaften aufweisen, von denen einige mit Rücksicht auf ihre gute Schutzwirkung unerläßlich, andere im Hinblick auf den allgemeinen Netzbetrieb erwünscht sind.

Sie sollen möglichst geringe Wartung erfordern, daher dürfen sie im allgemeinen keine beweglichen oder der Abnutzung unterliegenden Teile besitzen. Ein geringer Raumbedarf wird stets angestrebt, ebenso die Vermeidung brennbarer Teile, wie Öl- oder Massefüllung. Unter Umständen zwecks Verwendung in Fahrzeugen, wie el. Lokomotiven oder Baggern, müssen sie besonders schüttelfest sein. Daneben sind natürlich die allgemeinen Forderungen bezüglich Isolation, Wetterbeständigkeit und Temperaturzunahme im Betrieb zu erfüllen.

Weiter sollen die Schutzgeräte weder unter Einwirkung der Betriebsspannung noch unter Wirkung der Überspannungen dauernde Veränderungen erleiden. Eine Grenze findet diese Forderung meist, sobald man die Einwirkung eines sehr nahen unmittelbaren Blitzeinschlages mit einbezieht. Aber auch hier wird heute im Rahmen des wirtschaftlich und technisch Möglichen eine gewisse Sicherheit gegen Zerstörungen angestrebt.

Wirtschaftliche Erwägungen werden beim Einbau von Schutzgeräten stets eine Rolle spielen. Es ist freilich nicht möglich, eine genaue Berechnung der „Rentabilität“ eines

Überspannungsschutzes aufzustellen. Dafür sind die Berechnungsunterlagen zu sehr von örtlichen Verhältnissen und vom Zufall abhängig. Man kann zwar errechnen, welche Kosten etwa durch Betriebsausfall und Instandsetzungsarbeiten entstehen, wenn an einer bestimmten Stelle einer Anlage ein Überschlag erfolgt oder ein Umspanner durch Überspannungen beschädigt wird. Die Häufigkeit eines solchen Ereignisses ist aber nicht angebbar und daher nicht unmittelbar ins Verhältnis zu setzen mit dem Anschaffungspreis eines Schutzgerätes. Dazu kommt, daß die allgemeine Beruhigung im Netzbetrieb und das größere Vertrauen der Stromabnehmer eine werbende Wirkung haben, die nicht in Zahlen ausdrückbar ist. Viel eher kann man einen Überspannungsschutz als eine Art Versicherungsprämie betrachten, deren Preis natürlich in einem angemessenen Verhältnis zum Wert der geschützten Anlage stehen muß. Diese Voraussetzung wird aber heute meist erfüllt sein.

Die Auswahl der Schutzgeräte erfolgt nach dem beabsichtigten Zweck und nach den vorhandenen Betriebsbedingungen am Einbauort. In manchen Fällen wird mehr Wert auf die Verflachung steiler Wellenstirnen gelegt (Wicklung von Generatoren), in der überwiegenden Zahl der Fälle aber ist ausschlaggebend die Absenkung der Spannungshöhe, womit manchmal noch die Dämpfung von Schwingungen Hand in Hand geht.

Dabei soll die Rückwirkung des Schutzgerätes auf das Netz stets möglichst gering sein, d. h. es sollen z. B. Drosselspulen einen möglichst geringen Spannungsverlust, oder Ableiter beim Ansprechen einen möglichst geringen nachfließenden Netzstrom aufweisen.

Wegen der endlichen Ausbreitungsgeschwindigkeit der Wellen kann sich die Wirkung eines an einem Punkt A eingebauten Ableiters an einem um x Meter entfernten Punkt P der Leitung (Abb. 65) erst nach einiger Zeit bemerkbar machen. Inzwischen kann aber die Spannung in P schon über die zulässige Grenze gestiegen sein. Man sagt dann, die Entfernung x war größer als die Reichweite des Ableiters. Diese Reichweite ist keine festgegebene Konstante des Ableiters, sondern von der Steilheit der Welle und der Isolationsfestigkeit des Punktes P abhängig. — Es ist daher richtiger, die höchste Spannung $U_{x\,\max}$ am Punkt P anzugeben:

$$U_{x\,\max} = U_A + \frac{2Sx}{300} \quad \text{für die Wellenrichtung } P\text{—}A$$

$$\text{bzw. } U_{x\,\max} = U_A \quad \text{für die Wellenrichtung } A\text{—}P.$$

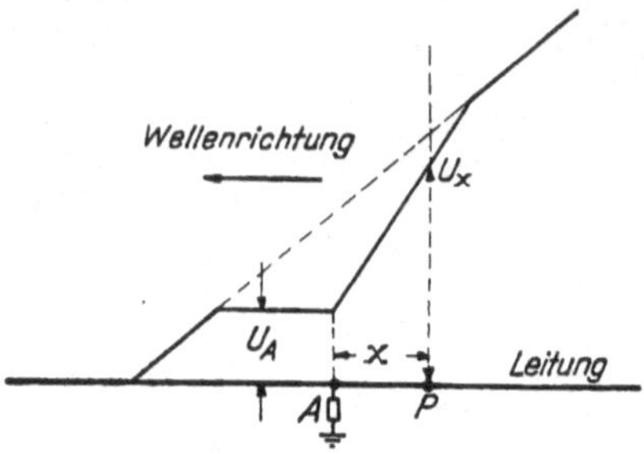

Abb. 65. Schutzwirkung eines Ableiters in der Entfernung x.

Hiermit ist U_A die in erster Näherung der Ansprechspannung des Ableiters gleiche Begrenzungsspannung in kV, S die Steilheit der Keilstirnwelle in kV/μs, x dieEntfernung AP in Metern. U_x steigt zunächst mit der Steilheit S an, um dann nach der Zeit

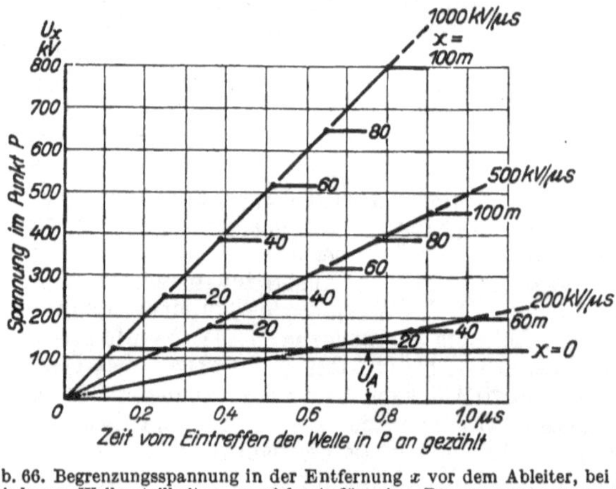

Abb. 66. Begrenzungsspannung in der Entfernung x vor dem Ableiter, bei verschiedenen Wellensteilheiten, gezeichnet für eine Begrenzungsspannung des Ableiters von U_A = 120 kV.

$$t_{max} = \frac{2x}{300} + \frac{U_A}{S}$$

den oben angegebenen konstanten Wert $U_{x\,max}$ zu erreichen und beizubehalten, solange die Welle mit der gleichen Steilheit weiter anwächst. (Vgl. Abb. 66.)

Beispiel: In einer 30 kV-Durchgangsstation sei ein Ableiter eingebaut, welcher unabhängig von der Form und Höhe der Welle auf 120 kV begrenzt. 60 m vor der Station befindet sich ein Mast mit Isolatoren von 350 kV bzw. 450 kV Stoßüberschlagspannung bei 500 kV/μs bzw. 1000 kV/μs Stirnsteilheit. Aus Abb. 66 ist zu entnehmen, daß der Ableiter bei der flacheren Welle die Spannung am Mast auf 315 kV begrenzt, also den Mast noch schützt, daß er dagegen bei der steileren Welle am Mast eine Spannung von 520 kV zulassen würde, so daß nach obiger Annahme der Isolator überschlagen müßte.

2. Drosselspulen.

Eine im Zuge der Leitung liegende Drosselspule läßt eine Wanderwelle nur mit verringerter Stirnsteilheit durchtreten. Die neue Steilheit kann für Rechteckwellen aus Gl. 10) durch Differenzieren bestimmt werden; ihr Höchstwert $2EZ_2/L$ tritt zur Zeit $t = 0$ auf. Keilstirnwellen mit waagrechtem Rücken (Abb. 67a) erfahren eine Stirnverlängerung im Verhältnis

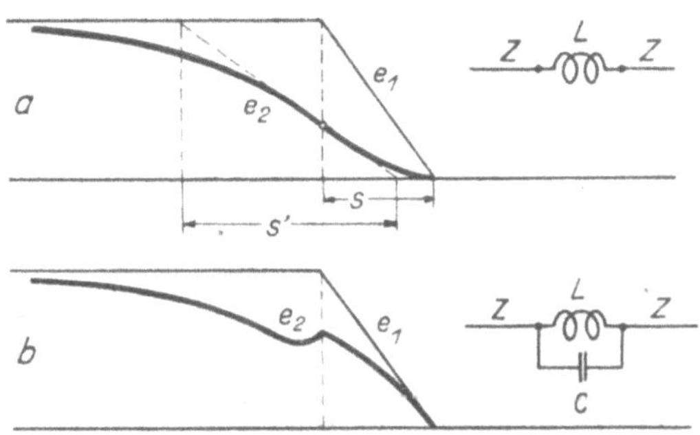

Abb. 67. Wirkung einer Drosselspule im Zug der Leitung: a) reine Induktivität, b) Spule mit Eigenkapazität.

$$\frac{S'}{S} = \frac{1}{1 - \varepsilon^{-\frac{S(Z_1 + Z_2)}{L}}}.$$

Weit überschätzt wurde lange Zeit der Wert der Schutzdrosselspule für die Transformatoren-Wicklungen. Neuere Untersuchungen ergaben, daß einer Stirnverflachung auf $^1/_{50}$ der ursprünglichen Steilheit nur eine Absenkung der Windungs- und Spulenspannungen auf etwa die Hälfte gegenübersteht. Hierzu sind aber schon sehr starke Drosseln nötig, die aus anderen Gründen unvorteilhaft sind.

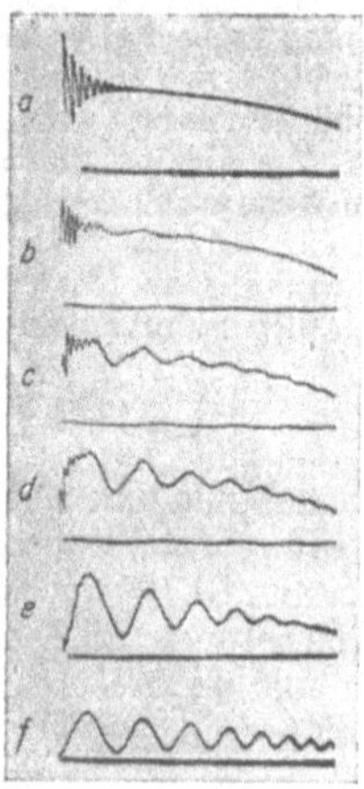

Abb. 68. Schwingungen in einer Transformatorwicklung, erzeugt durch eine vorgeschaltete Drossel. — *a* bis *f* Meßstellen entlang der Wicklung.

Befindet sich die Drossel in einer Kopfstation, so wird ihre Wirkung noch geringer, teilweise sogar schädlich. Als Stromabnehmer hinter der Drossel ist jetzt nur die Erdkapazität des Transformators vorhanden. Die oben angegebene Formel gilt hierfür nicht mehr, es entsteht vielmehr unter Zusammenwirken der Spulen-Induktivität und Transformatorkapazität eine hochfrequente Schwingung, die sich der Stoßwelle überlagert und, wie Abb. 68 zeigt, sich bis weit in die Wicklung hinein fortpflanzt. Durch Überbrückung der Spule mittels eines Widerstandes kann die Schwingung aperiodisch gemacht werden („Campos-Spule"), allerdings nur unter Verlust eines Teiles ihrer Verflachungswirkung.

Drosselspulen haben stets eine Eigenkapazität, welche die verflachende Wirkung gleichfalls herabsetzt. (Vgl. Abb. 67b.) Die Steilheit im Zeitpunkt $t = 0$ wird nicht herabgesetzt, da die Kapazität zunächst einen Kurzschluß darstellt, welcher die Welle ungehindert durchläßt.

Aus all diesen Gründen ist die früher viel verwendete Drosselspule als Überspannungsschutz aus den Anlagen fast völlig verschwunden; nur wenige ausländische Firmen stellen unter der Bezeichnung „Surge absorber“ oder „Amortisseur“ noch Schutzdrosseln her, die mit verteilter Erdkapazität oder verteiltem ohmschen Widerstand parallel arbeiten.

3. Kondensatoren.

Gegenüber den Schutzdrosselspulen sind die Schutzkondensatoren lange zurückgeblieben, weil sie weniger betriebssicher und erheblich teurer waren. Nach Wegfall des ersten Grundes kommen sie mehr in Anwendung, besonders in Zusammenarbeit mit Überspannungsableitern zum Schutz von direkt aufs Netz arbeitenden Generatoren, aber auch von großen Schaltanlagen. Auch der gegenüber Drossel oder Ableiter höhere Preis hindert nicht die Verwendung des Kondensators, wenn er gleichzeitig zur Spannungsmessung oder Blindstromlieferung dient, also mehrfach ausgenutzt wird.

Die Spannung am Kondensator in einer Durchgangsstation hat nach Gl. 13) denselben allgemeinen Verlauf wie hinter einer idealen Drossel ohne Eigenkapazität (Gl. 10)), nur daß die Zeitkonstante T einen anderen Wert hat, nämlich $T = C \cdot \frac{Z_1 Z_2}{Z_1 + Z_2}$. Die Abb. 67a gilt also auch für die Wirkung eines Schutzkondensators zwischen Leitung und Erde.

Hat insbesondere die anlaufende Welle e_1 die Gestalt $e_1 = E_0 \cdot \varepsilon^{-\frac{t}{T_1}}$, mit der Zeitkonstante T_1, bzw. der Halbwertdauer $T_h = 0{,}695\, T_1$, so ist der Spannungsverlauf am Kondensator:

$$e_c = 2E_0 \cdot \frac{T_1 T_2}{CZ_1(T_1 - T_2)} \left(\varepsilon^{-\frac{t}{T_1}} - \varepsilon^{-\frac{t}{T_2}}\right)$$

für die Durchgangsstation, mit $T_2 = CZ_1Z_2/(Z_1 + Z_2)$,

$$\text{bzw.} \quad e_c = 2E_0 \cdot \frac{T_1}{T_1 - T_2} \left(\varepsilon^{-\frac{t}{T_1}} - \varepsilon^{-\frac{t}{T_2}}\right)$$

für die Kopfstation, mit $T_2 = CZ_1$.

Auch in der Kopfstation eignet sich also der Kondensator — im Gegensatz zur Schutzdrossel — als Überspannungsschutz, wobei er bei genügender Größe sowohl abflacht wie auch absenkt. Die Zeitdauer t_m bis zum Scheitelwert der abgeflachten Stoßwelle wird:

$$t_m = \frac{\ln T_1/T_2}{\frac{1}{T_2} - \frac{1}{T_1}}.$$

Durch Einsetzen von t_m in die obigen Gleichungen erhält

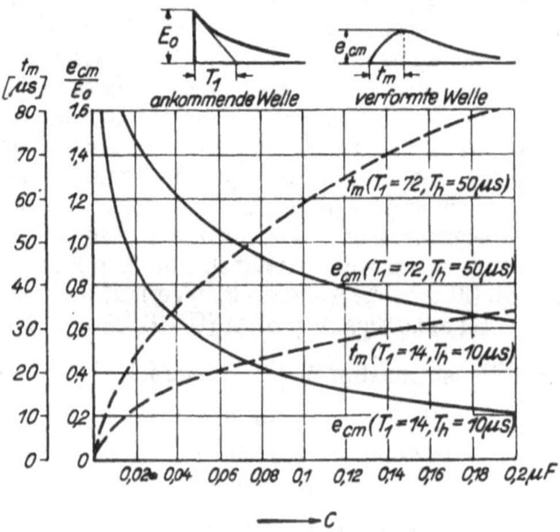

Abb. 69. Spannungsabsenkung und Verflachung durch Kondensatoren in einer Kopfstation.

man den Scheitelwert der Kondensatorspannung e_{cm} selbst, der neben t_m zur Beurteilung des Schutzwertes nötig ist.

Für 2 wichtige Wellenformen mit $T_h = 50$ bzw. 10 μs Halbwertdauer ($T_1 = 72$ bzw. 14,4 μs) sind in Abb. 69 die Werte e_{cm} und t_m für verschiedene Kondensatorgrößen zusammengestellt.

Beispiel: 30 kV-Kopfstation, Stoßüberschlagspannung der Isolatoren 180 kV_m; eine anlaufende Welle von 50 μs Halbwertdauer und 230 kV_m Höhe soll daher auf höchstens 160 kV_m begrenzt werden. — $e_{cm}/E_0 = 160/230 = 0{,}7$, $T_h = 50$ μs; gesuchte Kondensatorkapazität $C = 0{,}16$ μs, neue Stirnlänge $t_m = 74$ μs. Absenkung einer 10 μs-Welle unter gleichen Bedingungen auf $0{,}25 \cdot E_0 = 58$ kV$_m$. Ohne Kondensator würde die Spannung in der Station auf 460 kV$_m$, also weit über die Festigkeit der Station, anzusteigen suchen.

Bei längeren Wellen müssen also bedeutende Kapazitäten eingebaut werden, um eine ausreichende Absenkung zu erzielen.

Kabel haben eine ähnliche Wirkung. Um aus Abb. 69 auch die nötige Kabellänge zu erhalten, kann man in erster Näherung je 0,1 μF Kapazität einer Kabellänge von 1000 m gleichsetzen. Vgl. hierzu auch Abschn. E, Abb. 53.

Gegenüber dem Überspannungsableiter hat der Kondensator den Vorteil, daß er außer zum Schutz gegen Überspannungen auch zur Spannungsmessung und zur Blindstromlieferung dienen kann. Ferner braucht er keine Vorschaltfunkenstrecke. — Als Nachteile sind zu nennen: sein Ölgehalt in sonst ölfreien Anlagen, die Begünstigung von Oberwellen im Betriebsstrom des Netzes; die Notwendigkeit, einen Leistungsschalter einzubauen, während für den Ableiter nur ein Trennschalter nötig ist, daher Beschränkung auf Sammelschienenschutz; Schwierigkeiten bei Benutzung von Hochfrequenz-Telefonie.

4. Ableiter.

a) Wirkungsweise, Kennlinien.

Überspannungsableiter bestehen fast ausnahmslos aus einem die Spannung begrenzenden Element, im folgenden einfach Widerstand genannt, und einer in Reihe liegenden Funkenstrecke, die heute meist aus mehreren Teilfunkenstrecken zusammengesetzt ist. — Mit Rücksicht darauf, daß die Ableiter in erster Linie zum Schutz der Anlagen gegen Gewitterüberspannungen dienen sollen, müssen sie so gebaut sein, daß sie die Spannungshöhe von Wanderwellen auf ein für die Station zulässiges Maß begrenzen. Früher wurde öfters der der Welle entzogene Energiebetrag als Maßstab für die Güte des Ableiters benutzt. Demnach wäre ein Widerstand von der Größe $R = Z$ am günstigsten, da er die Wellenenergie voll aufnimmt und in Wärme verwandelt;

eine Spannungsabsenkung kommt dabei aber nicht zustande, es müssen hierfür vielmehr wesentlich niedrigere Widerstände verwendet werden.

In Anlehnung an die Gl. 9) gilt nämlich für eine Kopfstation mit eingebautem Ableiter:

$$2U_L = u_A + Z \cdot i_A$$

bzw. für die einfache Durchgangsstation:

$$2U_L = 2u_A + Z \cdot i_A.$$

Hierin ist U_L die Höhe der Welle auf der Leitung, u_A die Spannung am Ableiter bzw. in der geschützten Station, i_A der jeweils zu u_A gehörige Wert des Ableitstromes.

Aus den Formeln ergibt sich, daß man die Wirkung eines Ableiters mit der eines Generators mit hohem inneren Widerstand vergleichen kann. Es wäre dann $2U_L$ die Leerlauf-EMK des Generators, Z der innere Widerstand des Generators und der Ableiter der äußere Belastungswiderstand. Beim Strom i_A entsteht ein innerer Spannungsabfall von der Höhe $Z \cdot i_A$, so daß an den Klemmen nur die Spannung u_A übrigbleibt.

Nur unter Mitwirkung des Wellenwiderstandes Z kann also der Ableiter die Wellenspannung herabsetzen. Er ist um so besser, d. h. u_A um so niedriger, je größer i_A, je kleiner also sein Widerstand ist, da die übrigen Größen gegeben sind.

Eine untere Grenze für den Widerstandswert des Ableiters ist festgelegt durch die Notwendigkeit, den von der Netzspannung getriebenen Betriebsstrom, welcher nach dem Ansprechen des Ableiters dem Stoßstrom nachfließt, so gering zu halten, daß er vom Ableiter selbst unterbrochen werden kann.

Diese Löschbedingung ist die Hauptursache dafür, daß bis etwa zum Jahre 1927 nur ein unbefriedigender Schutzwert erreicht werden konnte. In der sogen. „Stromspannungs-Kennlinie" (Abb. 70) sind die maßgebenden Größen u_A und i_A in ihrer gegenseitigen Abhängigkeit am besten zu übersehen.

Ein ohmscher Widerstand R erscheint in dieser Darstellung als Gerade durch den Ursprung, mit der Neigung $u_A/i_A = R$. Ist R niedrig, so kann auch bei hoher Stromaufnahme i_A die Begrenzungsspannung u_A niedrig gehalten

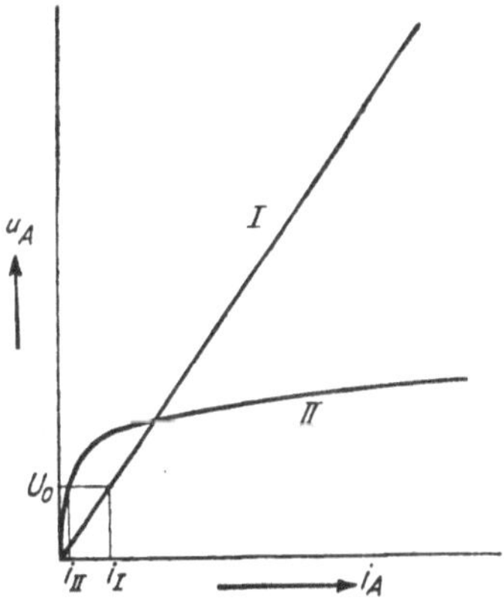

Abb. 70. Stromspannungs-Kennlinien: I. ohmscher Widerstand, II. spannungsabhängiger Widerstand.

werden; dann wird aber der nachfließende Betriebsstrom so hoch, daß eine Löschung mit einfachen Mitteln nicht mehr möglich ist. Hörnerableiter müssen daher wegen ihrer geringen Löschfähigkeit und Wärmekapazität einen hohen Widerstand erhalten, der für die wirksame Spannungsabsenkung nicht mehr geeignet ist.

Beispiel: Betriebsspannung verkettet $U_0 = 20$ kV, zulässiger nachfolgender Betriebsstrom, begrenzt durch die Löschfähigkeit der Hörner $i_I = 5$ A; daher $R = 4000$ Ohm. Anlaufende Welle $U_L = 150$ kV$_{max}$ angenommen, daher Begrenzungsspannung in einer Kopfstation nach Gl. 14):

$u_A = U_L \cdot \frac{2R}{R + Z} = 266$ kV$_{max}$. Ein solcher Ableiter ist also praktisch wirkungslos, da er nicht nur nicht absenkt, sondern sogar einen Aufstau der Welle von 150 auf 266 kV zuläßt.

Durch besondere Maßnahmen, z. B. im Bendmann-Ableiter, konnte der zulässige nachfolgende Betriebsstrom noch auf etwa 20 A gesteigert und die Absenkung entsprechend verbessert werden.

Ein entscheidender Fortschritt wurde aber erst durch die Verwendung von Widerständen mit nichtlinearer Kennlinie erreicht, die unter der Sammelbezeichnung „spannungsabhängige Widerstände" im Ableiterbau allgemein Eingang gefunden haben. (Einzelheiten s. unten.) Sie allein sind fähig, die beiden sich widersprechenden Bedingungen: „großer Ableitstrom — kleiner nachfolgender Betriebsstrom" ohne Kompromiß zu erfüllen. Ein Beispiel zeigt Kurve II in Abb. 70.

Sie ergibt — im Gegensatz zu I — während der Dauer der Überspannung bei großem Ableitstrom eine niedrige Begrenzungsspannung, beim Absinken auf die Höhe der Betriebswechselspannung U_0 dagegen einen sehr kleinen nachfließenden Strom i_{II}, der leicht unterbrochen werden kann.

Da für derartige Widerstände die Angabe eines eindeutigen Widerstandswertes nicht mehr möglich ist, ist es zweckmäßig, die Abhängigkeit zwischen i_A und u_A formel- oder kurvenmäßig darzustellen. Mit Hilfe dieser Stromspannungs-Kennlinie ist auch die Vorausberechnung der sogen. „Schutzkennlinie" möglich. (Abb. 71.) Diese stellt für einen gegebenen Ableiter den Zusammenhang zwischen der Höhe der auf der Leitung anlaufenden Welle U_L und der durch den Ableiter zugelassenen Begrenzungsspannung u_A in der geschützten Anlage dar. Sie ist also die zeichnerische Darstellung der Formeln von S. 86.

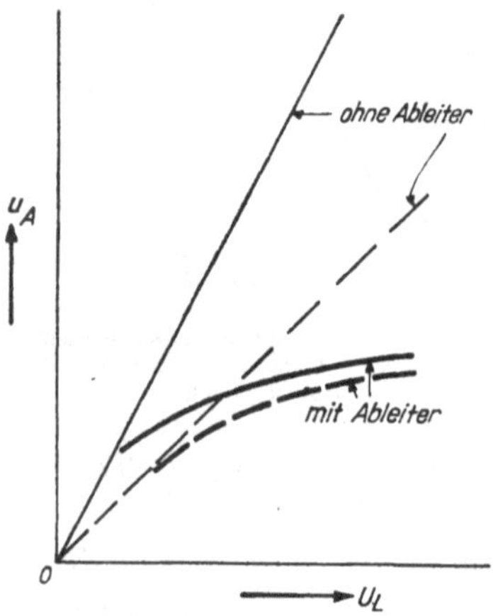

Abb. 71. Schutzkennlinien. ——— Kopfstation, — — — einfache Durchgangsstation.

Die Schutzkennlinie ist die wichtigste Unterlage zur Beurteilung eines Ableiters. Sie wird daher von den Herstellerfirmen, die über die geeigneten Meßeinrichtungen verfügen, in den Listen angegeben.

b) Die Ableiter-Funkenstrecke.

Die dem Widerstandskörper vorgeschaltete Ableiter-Funkenstrecke hat 4 Aufgaben zu erfüllen:

1. Abtrennen des Widerstandes vom spannungsführenden Leiter während des normalen Betriebszustandes, also

Verhinderung eines ständigen Stromdurchflusses durch den Widerstand. Sie darf sich unter dem Einfluß der Betriebsspannung naturgemäß nicht verändern.

2. Ansprechen beim Ansteigen der Spannung über einen bestimmten Wert. Die Ansprechspannung ist zweckmäßig so zu wählen, daß sie oberhalb der betriebsmäßig auftretenden, für die Isolation noch ungefährlichen Schaltüberspannungen liegt. Mit Rücksicht auf den Betrieb des Drehstromnetzes bei einpoligem Erdschluß, bei welchem die Einschaltüberspannungen etwa das Doppelte der verketteten Spannung (Nennspannung) erreichen können, wird heute die Ansprechspannung mindestens gleich der doppelten Nennspannung gewählt.

Bei Stoßvorgängen soll die Ansprechspannung möglichst wenig höher liegen als die mit Betriebsfrequenz gemessene Ansprechwechselspannung. Die Stoßkennlinie der Ableiterfunkenstrecke bzw. des ganzen Ableiters soll also möglichst waagrecht verlaufen und stets unterhalb derjenigen der zu schützenden Isolation liegen. Die Gestalt der Funkenstrecke spielt dabei eine wichtige Rolle. (Vgl. Abschn. C 3.)

3. Durchlassen eines hohen Stoßstromes ohne merklichen Spannungsabfall und ohne schädliche Veränderungen der Elektrodenoberflächen. Als Material haben sich hierbei Kupfer und Messing am besten bewährt, während andere Metalle (Zink, Eisen) leicht Schmelzperlen bilden oder zu schwer formbar sind (Wolfram) oder zu leicht oxydieren (Aluminium), wodurch das Ansprechen ungenau und der Ansprechverzug groß wird.

4. Löschen des dem Ableitstrom aus dem Netz nachfließenden Betriebsstromes in möglichst kurzer Zeit. Zu diesem Zweck wird z. B. die gesamte Schlagweite in zahlreiche Teilfunkenstrecken mit geringem Elektrodenabstand, z. B. 0,1 bis 1 mm, unterteilt, oder es wird eine magnetische Blasung mit eigenerregtem Feld oder mit permanenten Magneten benutzt. Bei den meisten gebräuchlichen Ableitern ist der Betriebsstrom nach längstens 1 Halbperiode unterbrochen, während der Hörnerableiter bis zu mehreren Sekunden zur Löschung benötigte.

Nicht alle Funkenstrecken eignen sich gleich gut zur Erfüllung aller 4 Forderungen. Spitzen scheiden wegen großen Ansprechverzuges und schlechter Löschwirkung aus, wenn diese nicht durch Umhüllung mit einem geeigneten Rohr erzwungen wird (vgl. Abschnitt D 4!). Hörner sind aus den gleichen Gründen ungünstig. Geringer ist der Ansprechverzug bei Kugeln, durch Einkapseln der Kugeln in Isoliergehäuse kann er aber sehr hohe Werte annehmen, wie Berger zeigte. Andererseits ist es aber unbedingt nötig, die Ableiterfunkenstrecken den Witterungseinflüssen zu entziehen; um ihre An-

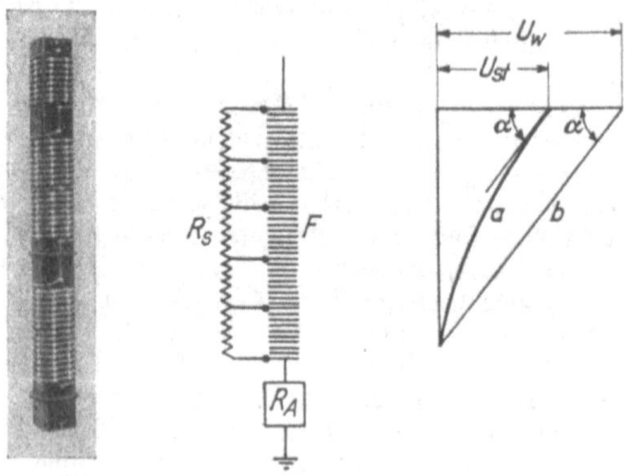

Abb. 72. Gesteuerte Vielfachfunkenstrecke (AEG).

sprechstoßspannung konstant zu halten. Ebene Platten weisen wegen des homogenen Feldes die günstigste Stoßkennlinie und die geringste Ansprechverzögerung auf, sie eignen sich auch gut zur Bildung von fein unterteilten Vielfachfunkenstrecken.

Ein besonders niedriger Stoßfaktor, sogar weit kleiner als 1, kann durch Widerstandssteuerung der Funkenstrecke erreicht werden. Die wegen der verteilten Erdkapazität einer Vielfachfunkenstrecke F leicht gekrümmte Potentialverteilung a (Abb. 72) kann durch Parallelschaltung eines hochohmigen Widerstandes R (AEG, General Electric Co.) mit Anzapfungen geradlinig gemacht werden (b), so daß die

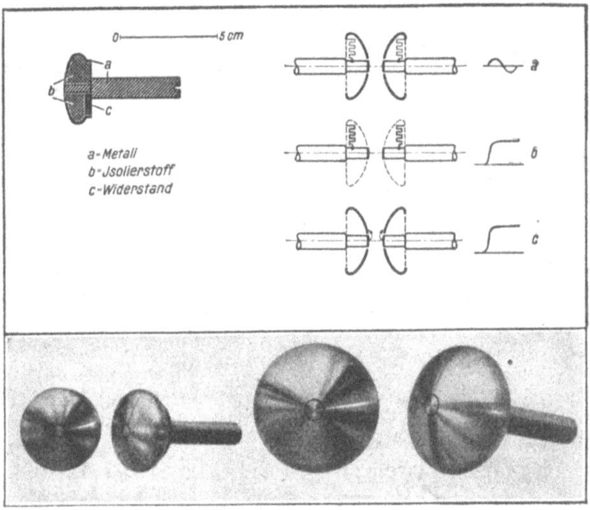

Abb. 73. Geteilte Kalotten (SSW).

Funkenstrecke unter Netzfrequenz bei der Spannung u_w anspricht. Bei Hochfrequenz oder Stoß wirkt dagegen die kapazitive, also gekrümmte Potentialverteilung überwiegend. Dadurch werden die der Leitung zunächst liegenden Teilfunkenstrecken stärker belastet und brechen früher durch. Die Ansprechstoßspannung u_{st} wird dadurch niedriger als u_w, was sowohl der Empfindlichkeit wie der Löschwirkung zugute kommt.

Ein ähnlicher Gedanke liegt den geteilten Kalotten (SSW) zu Grunde. Die Kalotten (Abb. 73) sind in einen zentralen Stift und einen konzentrischen Ring aufgeteilt, beide Teile sind über einen hochohmigen Widerstand verbunden. Bei Stoß tritt daher kurzzeitig ein Spannungsunterschied zwischen Stift und Ring auf; hierdurch bilden sich Fünkchen zwischen beiden Teilen, welche das Ansprechen der eigentlichen Schlagweite erleichtern.

Für Niederspannungsableiter werden vielfach Gasfunkenstrecken benutzt. Sie besitzen in einem abgeschmolzenen Glaskörper eine Füllung von Edelgasen von niedrigem Druck, dessen Größe die Ansprechspannung bestimmt. In dieser Art sind meist die Feinschutzgeräte für Fernmeldeanlagen ausgeführt, welche Ansprechspannungen von 100 Volt und darunter erreichen. Die Elektroden können mit alkalischen Pasten bedeckt sein (Abb. 74), die eine niedrige Brennspannung ergeben.

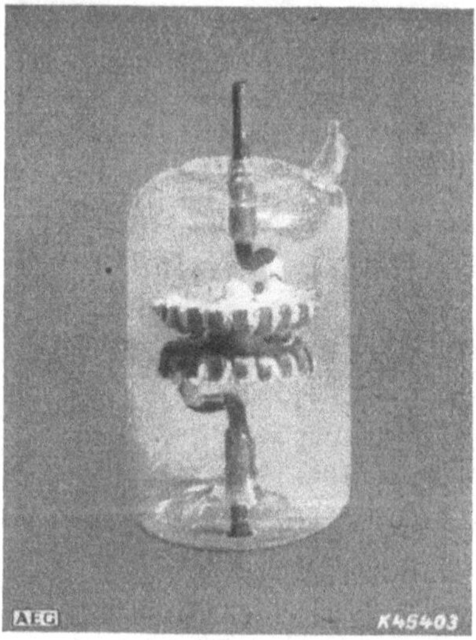

Abb. 74. Gasfunkenstrecke für Niederspannungsableiter (AEG).

c) Der Ableiter-Widerstand.

Die Bedingungen, denen der Ableiterwiderstand genügen muß, sind z. T. schon in Abschn. F 4a abgeleitet. Es ist demnach klar, daß hochohmige Widerstände, wie z. B. der Strahl des „Wasserstrahlerders", nur zur langsamen Ableitung statischer Ladung geeignet sind, nicht aber zur Begrenzung von Wellenspannungen durch starken Stromentzug. Der Metallwiderstand dagegen ist wegen seiner linearen Kennlinie und dem sich daraus ergebenden großen nachfließenden Betriebsstrom nur begrenzt verwendbar.

Die heute meist verwendeten Widerstände kann man roh in zwei Hauptgruppen einordnen: solche, bei denen die Widerstandsmasse selbst eine gewisse, von der angelegten Spannung abhängige Leitfähigkeit besitzt („spannungsabhängige Widerstände") und andere, bei denen eine Gasentladung Trägerin der Gegenspannung ist, welche ihren Sitz in den Grenzschichten zwischen den einzelnen Aufbauteilen des Widerstandskörpers hat. Übergänge zwischen beiden Gruppen kommen gleichfalls vor.

Abb. 75. SAW-Ableiter für 30 kV Nennspannung (AEG).

Zur ersten Gruppe sind zu zählen: Silit, Ocelit, ferner die Widerstandskörper der SAW-Ableiter der AEG (Abb. 75), der Thyritableiter der GE, der Resorbitableiter von BBC und andere. Ihre wesentlichen Aufbaustoffe sind Siliziumkarbid und Bindemittel auf keramischer oder ähnlicher Grundlage. Die Stromleitung erfolgt dabei wahrscheinlich durch Elektronen, die durch die hohe Feldstärke an den Berührungspunkten der einzelnen Karbidkristalle ausgelöst werden. Die Stromspannungskennlinie solcher Widerstände ist wegen der Elektronenströmung weitgehend unabhängig von dem zeitlichen Verlauf und der Schnelligkeit der Spannungs- bzw. Stromänderung, wie auch von der Polarität. Man erkennt dies daraus, daß sich im Kathodenstrahl-Oszillogramm[1]) der Stromspannungs-Kennlinie der aufsteigende und der absteigende Teil der Kurve praktisch decken (Abb. 76). Man kann daher auch die Beziehung zwischen Strom und Spannung, da sie eindeutig ist, formelmäßig angeben:

$$\frac{i_1}{i_2} = \left(\frac{u_1}{u_2}\right)^n, \text{ oder auch } i = k \cdot u^n.$$

[1]) Über die Aufnahme solcher Oszillogramme vgl. Abschn. F 5.

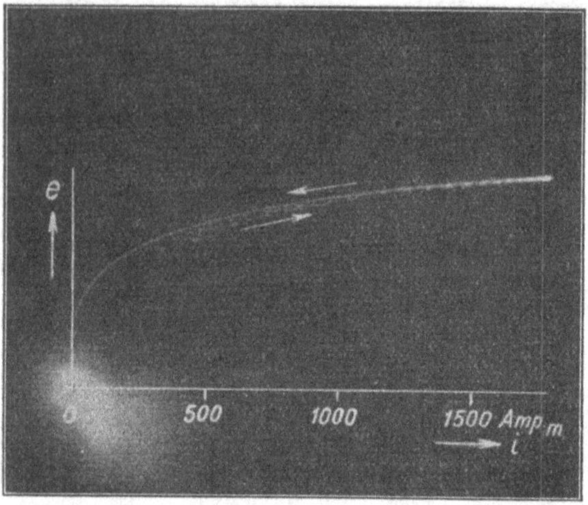

Abb. 76. Stromspannungs-Kennlinie eines SAW-Widerstandes.

Ähnlich lautet die Beziehung zwischen Spannung und Widerstand:

$$\frac{r_1}{r_2} = \left(\frac{u_2}{u_1}\right)^{n-1}, \text{ oder auch } r = \varrho \cdot \frac{1}{u^{n-1}}.$$

Hierin sind $i_1\, u_1\, r_1$ bzw. $i_2\, u_2\, r_2$ zusammengehörige Werte eines Arbeitspunktes und n ein praktisch konstanter Exponent, der ein Maß für die Spannungsabhängigkeit des SAW-Widerstandes darstellt. Im doppeltlogarithmischem Maßstab werden die Beziehungen linear, wie in Abb. 77 dargestellt ist.

Zur zweiten Gruppe sind zu rechnen: der Kathodenfall-Ableiter (SSW), der Autovalve-Ableiter mit porösem Block (Westinghouse), der Pelletableiter (GE), sowie die verschiedenen Arten elektrolytischer Ableiter, von denen die Aluminiumzelle am bekanntesten geworden ist.

Kennzeichnend für den Kathodenfall-Ableiter (Abb. 78) ist eine Glimmentladung von hoher Stromdichte, die sich in den sehr engen Luftspalten zwischen zahlreichen zu einer Säule aufgestapelten Halbleiterplatten ausbildet. Diese Glimmschicht besitzt einen von der Stromstärke nur wenig abhängigen Spannungsabfall, der hauptsächlich im Gebiet des sogen. Kathodenfalls seinen Sitz hat. Damit die Glimmentladung nicht in eine Bogenentladung übergeht, müssen die Platten einen bestimmten Widerstand in der Richtung ihrer Ebene haben, welcher die Zusammenziehung der einzelnen Stromfäden verhindert (Abb. 79). Neuerdings wird für die Platten ebenfalls eine Art spannungsabhängigen Materials verwendet.

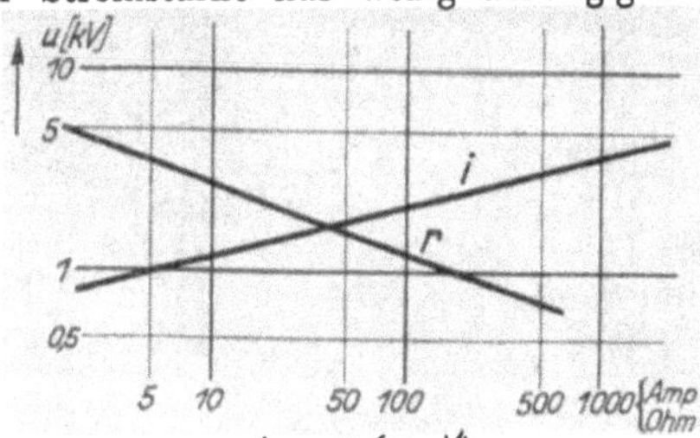

$$i_{Amp} = 5 \cdot (u_{kV})^4$$

$$r_{Ohm} = \frac{200}{(u_{kV})^3}$$

Abb. 77. Kennlinien in doppel-logarithmischer Darstellung.

Der Autovalve-Ableiter (Westinghouse) enthält einen sehr feinporigen Widerstandskörper, den sogen. „porösen Block", in dessen Innerem sich eine sehr große Zahl winziger Lichtbögen ausbilden kann. Die Stromspannungskennlinie eines solchen Blockes (Abb. 80), die in ähnlicher Form auch für den Kathodenfall- und den Pellet-Ableiter gilt, ist gekennzeichnet durch eine deutliche Schleife. Sie entsteht dadurch, daß die Gasentladung zur Bildung einer genügenden Anzahl von Ionen eine gewisse endliche Zeit benötigt, während welcher der Strom der Spannung nacheilt.

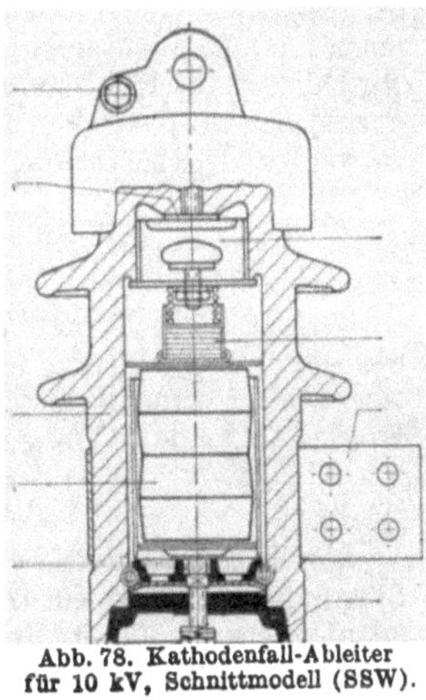

Abb. 78. Kathodenfall-Ableiter für 10 kV, Schnittmodell (SSW).

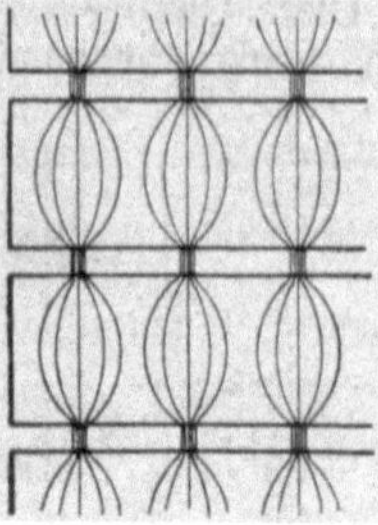

Abb. 79.

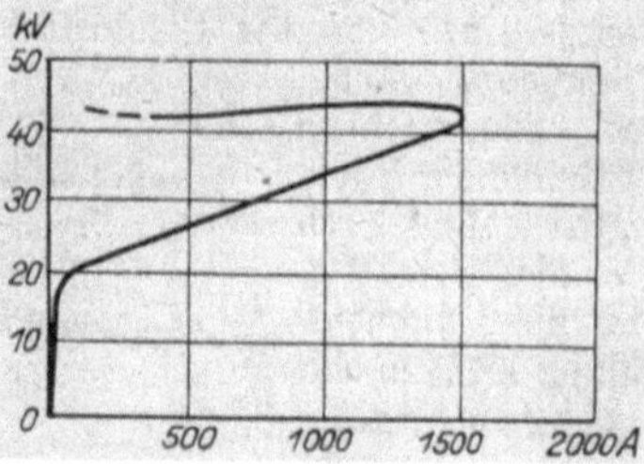

Abb. 80.

Abb. 79. Stromlinienbild im Kathodenfallableiter (SSW).
Abb. 80. Stromspannungskennlinie eines 11,5-kV-Autovalve-Ableiters mit porösem Block (Westinghouse).

Im Pelletableiter (deutsch: Pillenableiter) wie im Aluminiumableiter sind Oxydschichten die wirksamen Träger der Entladung. Sie wirken zunächst als Dielektrikum, so daß besonders der Aluminiumableiter beim plötzlichen Ansteigen der Spannung genau wie ein Kondensator hoher Kapazität einen Ladestrom aufnimmt. Bei weiterer Spannungssteigerung wird die Oxydschicht durchbrochen, um nachher durch den nachfließenden Reststrom auf galvanischem Wege neu gebildet zu werden. Hierzu dient eine Säurefüllung (Oxalsäure u. a.).

5. Prüfung von Ableitern.

Die Prüfung von Überspannungsschutzgeräten ist für Deutschland durch die VDE-Leitsätze 0675/1938 geregelt. Sie enthalten Begriffsfestsetzungen der Kenngrößen von Ableitern und Vorschriften über Stück- und Typenprüfungen. Es sind folgende Prüfungen vorgeschrieben:

a) Isolationsprüfungen.

Sowohl die Isolierteile wie auch die fertigen Ableiter werden Spannungsprüfungen im trockenen Zustand und — bei Freiluftableitern — unter Regen unterzogen. Hierzu sind die Funkenstrecken und Widerstände zu entfernen, soweit dies erforderlich ist. Zur Isolationsprüfung gehört auch die Messung der Ansprechwechselspannung bei 50 Per/s und die Prüfung bei 90% der Ansprechwechselspannung.

b) Aufnahme der Stromspannungs-Kennlinie.

Eine zweckmäßige Schaltung ist in Abb. 81 dargestellt. Die Kondensatoren und Widerstände sind nach besonderer

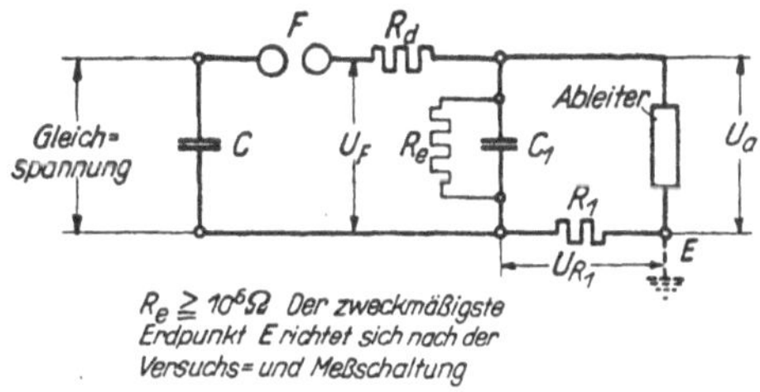

Abb. 81. Schaltung zur Aufnahme der Stromspannungs-Kennlinie.

Vorschrift so zu wählen, daß im Ableiter ein Stromstoß von etwa 1 μs Stirndauer und 25 bis 30 μs Halbwertdauer entsteht. U_a und U_{R_1} (proportional dem Ableiterstrom) werden an die beiden Plattenpaare des Oszillographen geführt und auf diese Art Kurven ähnlich Abb. 70 bzw. 76 erhalten. Diese Prüfung wird vielfach als Stückprüfung zur Auswahl der Widerstandskörper ausgeführt.

c) Schutzkennlinie.

Sie kann durch einfache Umrechnung aus der Stromspannungskennlinie (vgl. Abschn. F 4a) gewonnen oder auch unmittelbar mit dem K. O. oder mit Funkenstrecken gemessen werden. Hierbei wird meist eine Ersatz-Schaltung für Durchgangssta-

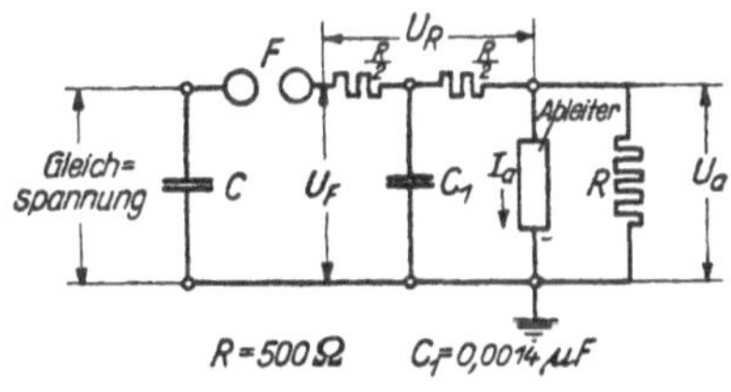

Abb. 82. Schaltung zur Aufnahme der Schutzkennlinie.

tionen benutzt (Abb. 82), das Ergebnis jedoch auf die Kopfstation umgerechnet. Die Meßspannungen sind bei U_F und U_a abzugreifen, und zwar U_F als Abszisse, U_a als Ordinate der Schutzkennlinie.

d) Arbeitsprüfung.

Sie dient zur Feststellung des betriebsmäßigen Verhaltens des Ableiters in elektrischer, thermischer und mechanischer Hinsicht. Beispielsweise gemäß Abb. 83 wird der Ableiter

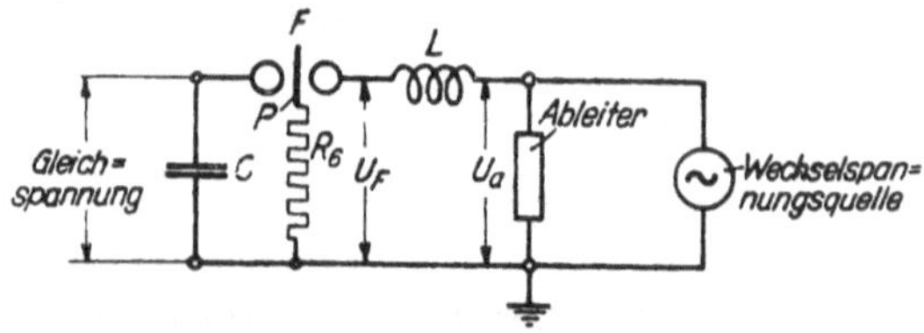

Abb. 83. Schaltung zur Arbeitsprüfung.

an Wechselspannung von mindestens dem 1,2-fachen Betrag seiner Nennspannung gelegt und außerdem mit 30 überlagerten Stoßwellen von 25 μs Halbwertdauer beansprucht. Die Stöße sollen in jedem beliebigen Augenblick der Wechselspannungsperiode zünden können, also nicht synchronisiert sein. Dies wird durch die auf Erdpotential gehaltene Hilfselektrode P erreicht. Strom und Spannung am Ableiter werden zweckmäßig im Schleifenosz. aufgenommen (Abb. 84). — Die Arbeitsprüfung gilt als bestanden, wenn der Ableiter bei jedem Stoß einwandfrei gearbeitet hat und der nachfließende Strom stets abgerissen ist.

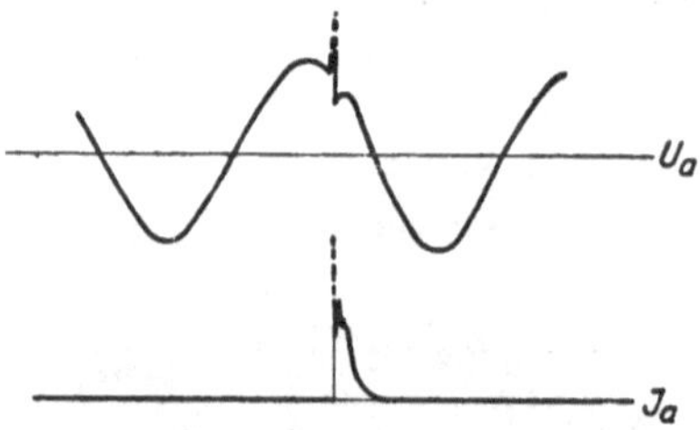

Abb. 84. Schleifenoszillogramm einer Arbeitsprüfung.

e) Andere Prüfungen.

Außer diesen vorgeschriebenen Prüfungen werden von den Herstellerfirmen weitere Messungen ausgeführt. Hierzu gehört die Prüfung mit hohen Stromstößen (vgl. Abschn. C 4). Normal sind Ströme von 300, 750, 1500 oder 2500 A bei der Arbeitsprüfung. Das „Grenzableitvermögen" der Widerstandskörper (ohne Rücksicht auf Beschädigung der Funkenstrecke) geht jedoch bei einzelnen Bauarten bis zu 100000 bis 200000 A für einige Mikrosekunden. Trotzdem ist hierin noch keine Garantie für eine Sicherheit bei unmittelbaren Blitzeinschlägen in den Ableiter oder seine allernächste Umgebung zu erblicken, da die Blitzstromstöße oft von erheblich längerer Dauer sind und sich innerhalb einer Sekunde in rascher Folge wiederholen können.

Notwendig ist ferner eine Prüfung der Ableiter auf ihr Verhalten gegenüber Witterungseinflüssen. Da die Feuchtigkeit der schlimmste Feind der elektrisch hoch beanspruchten Ableiterfunkenstrecken ist (Korrosion, Kurzschluß), muß ihr Eindringen in den Ableiterkörper bei Bauformen fürs Freie unbedingt vermieden werden.

G. Stoßvorgänge in Transformatoren-Wicklungen.

Die in den Hochspannungsnetzen eingebauten Transformatoren sind infolge atmosphärischer Vorgänge und betriebsmäßiger Schaltungen einer Beanspruchung mit Spannungsstößen der in Abschn. C behandelten Gestalt ausgesetzt. Es muß angestrebt werden, die Isolation der Wicklung in geeigneter Weise und an den richtigen Stellen so zu verstärken, daß die nötige Festigkeit erreicht wird, oder es müssen die zusätzlichen inneren Beanspruchungen durch bauliche Maßnahmen selbst niedrig gehalten werden.

1. Anfangs- und Endverteilung.

Die übliche zylindrische Wicklung ist ein schwingungsfähiges Gebilde mit einer theoretisch unendlichen Zahl von Eigenschwingungen verschiedener Frequenz. Diese stehenden Schwingungen lassen sich einerseits erklären als die Überlagerung hin- und rücklaufender, also wanderwellenartig fort-

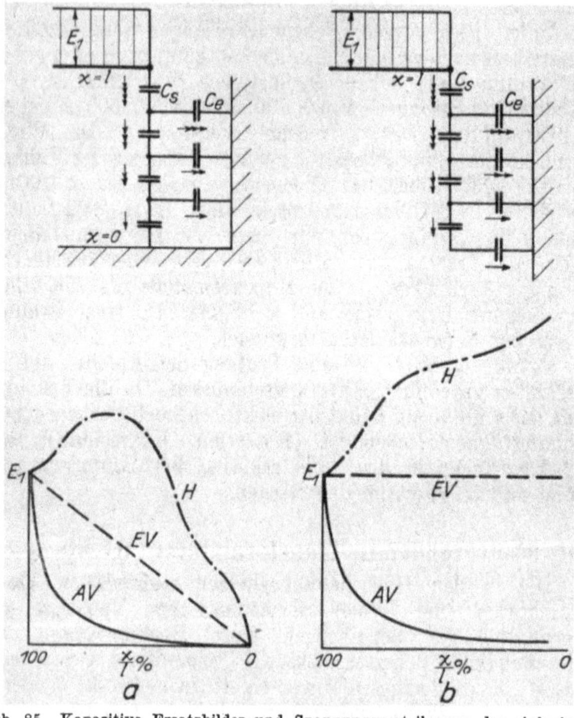

Abb. 85. Kapazitive Ersatzbilder und Spannungsverteilungen der einlagigen Spule bei Rechteckstoß.
a) Wicklungsende geerdet. b) Wicklungsende isoliert.
AV, EV = Anfangs- bzw. Endverteilung
H = Hüllkurve der höchsten Spannungen.

schreitender sinusförmiger Wellenzüge, anderseits aber auch als Ausgleich zwischen zwei Randbedingungen, denen die Wicklung zu den Zeiten $t = 0$ und $t = \infty$ zu genügen hat.

Man bezeichnet diese beiden räumlichen Spannungsverteilungen als „Anfangsverteilung" (AV) und „Endverteilung" (EV). Für die AV sind bei genügend steilem Stoß nur die kapazitiven Elemente der Wicklung maßgebend, während die EV nur durch die induktiven und ohmschen Widerstände bestimmt wird. Für die dazwischenliegenden endlichen Zeiten sind alle drei Elemente an den Ausgleichsvorgängen beteiligt. Diese sind durch Angabe der räumlichen Wellenlänge (Ordnungszahl), der Frequenz, Amplitude und Dämpfung der einzelnen harmonischen Schwingungen beschrieben.

Das Kapazitätsschema für die Wicklung nach Abb. 85 ergibt unter Wirkung eines Spannungsstoßes eine Spannungsverteilung, die durch die verteilte Erdkapazität und die Serienkapazität von Windung zu Windung bestimmt ist. Das Wicklungselement dx hat die Teilkapazitäten $c_s = C_s \cdot \frac{l}{dx}$ und $c_e = C_e \cdot \frac{dx}{l}$, worin C_s bzw. C_e die gesamte Serien- bzw. Erdkapazität ist. Da der zur Aufladung der Elemente c_e nötige Strom sämtliche vorgelagerte Elemente c_s durchfließen muß, tritt an den der Klemme zunächst liegenden Wicklungsteilen der stärkste kapazitive Spannungsabfall auf, ähnlich wie an Hängeketten aus mehreren Gliedern. Es entsteht so eine gekrümmte AV.

Die Gleichungen für die AV lauten hiermit:
für geerdetes Wicklungsende:

$$E_x = E_1 \cdot \frac{\mathfrak{Sin}\, k \cdot \frac{x}{l}}{\mathfrak{Sin}\, k},$$

für isoliertes Wicklungsende:

$$E_x = E_1 \cdot \frac{\mathfrak{Cos}\, k \cdot \frac{x}{l}}{\mathfrak{Cos}\, k},$$

worin

$$k = \sqrt{\frac{C_e}{C_s}},$$

Es ergibt sich demnach die wichtige Tatsache, daß selbst eine unendliche Steilheit des Stoßes nur eine endliche Steilheit der räumlichen Spannungsverteilung ergibt.

Unmittelbar der Messung zugänglich ist nur C_e, doch kann der Wert k und der Verlauf der AV selbst auch auf anderem Wege ermittelt werden, nämlich mit dem Kathodenstrahl-Oszillographen. Man greift hierzu aus einer Serie von Spannungsmessungen entlang der Wicklung (vgl. Abb. 86) jeweils den ersten steilen Spannungssprung ab und trägt ihn über dem zugehörigen x/l in ein Diagramm ein. Die Abb. 86 und 87 machen dies deutlich. Dieses Verfahren ist überall dort notwendig, wo es sich nicht um einlagige Spulen, sondern um verwickeltere Anordnungen handelt. In Abb. 87 z. B. ist die gefundene Kurve c verglichen mit zwei gerechneten Kurven für $k = 8$ und $k = 12$.

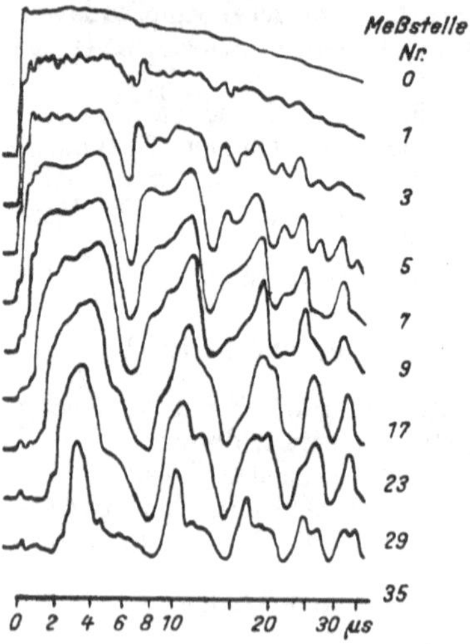

Abb. 86. Spannungsverlauf in einer einseitig geerdeten 100 kV-Scheibenwicklung (35 Scheibenspulen, Stoßwelle 0,5/50µs).

Wichtig ist noch der Begriff der „Eingangskapazität“ K. Sie stellt die für Stoßvorgänge wirksame Ersatzkapazität vor und wird aus der Spannung und dem Strom am Wicklungsanfang berechnet zu:

$$K = \sqrt{C_e \cdot C_s} \cdot \mathfrak{Tan}\, k \approx \sqrt{C_e \cdot C_s}\,.$$

Die Endverteilung wird durch Gerade dargestellt, die in Abb. 85 gestrichelt eingetragen sind. Sie gelten zunächst für

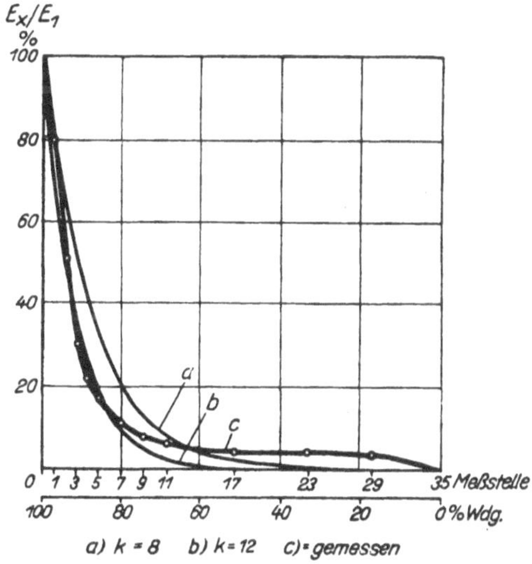

Abb. 87. Berechnete und gemessene Anfangsverteilungen. — Kurve c entnommen aus den Osz. der Abb. 85.

den Endzustand bei Rechteckform des Stoßes. Für endliche Rückenlänge des Klemmenstoßes (wie in Abb. 86) hat man sich vorzustellen, daß die EV im selben Maße gegen die waagrechte Achse (Abb. 85) zusammensinkt wie die Klemmenstoßspannung abnimmt.

2. Die Ausgleichschwingungen.

Den Übergang von AV zu EV haben die inneren Ausgleichschwingungen zu übernehmen. Sieht man von der Spannungsdifferenz gegen Erde zunächst ab, so ist nur die Differenz zwischen AV und EV zu analysieren. Die EV spielt dabei die Rolle der Nullinie. Erteilt man der Grundschwingung in Abb. 85b die Ordnungszahl $n = 1$, so ist zu erkennen, daß die Spule mit offenem Nullpunkt nur in ungeradzahligen Harmonischen ($n = 1, 3, 5, \ldots$), die geerdete Spule (Abb. 85a) nur in geradzahligen ($n = 2, 4, 6, \ldots$) schwingen kann.

Die einzelnen Harmonischen können ihrer Größe nach mittels eines mechanischen Analysators durch Zerlegung der Differenz zwischen AV und EV gefunden werden, wie dies Abb. 88 zeigt.

So stellt diese Differenzfläche das wertvollste Hilfsmittel bei der Beurteilung der inneren Schwingungsvorgänge dar. Zuweilen gelingt es, unter Beachtung der gegenseitigen kapazitiven Kopplungen, schon ohne Zuhilfenahme des Oszillographen ein angenähertes Bild der AV aufzuzeichnen, woraus wenigstens in groben Zügen das Verhalten der Wicklung bei Stoß vorausgesagt werden kann.

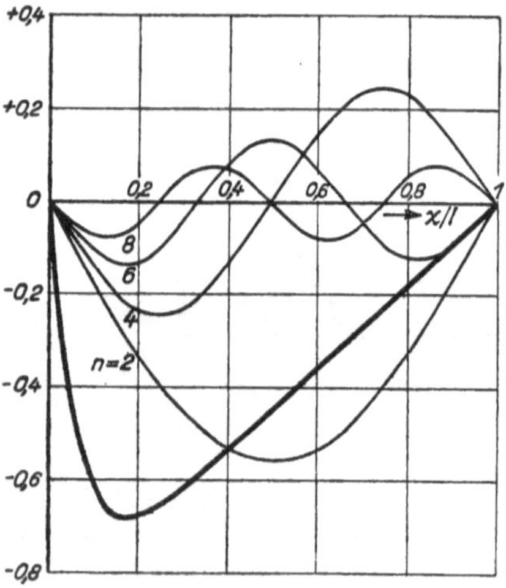

Abb. 88. Harmonische Zerlegung der Differenzfläche zwischen Anfangs- und Endverteilung.

Eine rechnerische Vorausbestimmung der einzelnen Frequenzen ist heute noch nicht in befriedigender Weise möglich. Dies liegt hauptsächlich daran, daß die wirksamen Induktivitäten für die Teilschwingungen nicht genau bekannt sind und durch stationäre Meßmethoden auch nur sehr angenähert ermittelt werden können. Für die Grundschwingung des Sternpunktes nach Abb. 85b gilt angenähert für einlagige Spulen:

$$\omega_0^2 L_0 C_e \approx 3,$$

worin L_0 die sogen. Nullinduktivität von Joch zu Joch über die Kastenwand und C_e die gesamte Erdkapazität ist. Für höhere Ordnungszahlen stimmen mangels genauer Kenntnis der Flußverteilung die errechneten Werte mit den gemessenen nur selten überein.

Sicher ist, daß die Frequenz der höheren Harmonischen nicht genau proportional mit ihrer Ordnungszahl ansteigt. Dies geht sowohl aus Resonanzversuchen hervor, wie auch aus den Kathodenstrahl-Oszillogrammen, z. B. in Abb. 86. Dort bleiben die Oberschwingungen nicht in der gleichen Lage zur Grundschwingung, sondern rücken allmählich vor und verändern dadurch das Kurvenbild.

3. Resonanz, Dämpfung.

Die inneren Schwingungen können durch ihre Höhe und ihr Spannungsgefälle entlang der Wicklung gefährlich werden, wenn sie von außen in Resonanz angeregt werden. Bei verlustfreien Wicklungen müßten sie hierbei ins Unendliche anwachsen. Nach Bewleys Berechnungen bleiben jedoch schon bei ziemlich schwacher Dämpfung der anregenden und der angeregten Schwingung die höchsten Scheitelwerte noch immer unter dem doppelten Wert der anregenden Schwingung. Praktisch sind auch längere schwach gedämpfte Wellenzüge hoher Frequenz auf Leitungen selten, so daß diese Gefahr gering ist.

Die innere Dämpfung der Ausgleichschwingungen kommt zustande durch ohmsche Verluste im Wickelkupfer einschließlich der Wirkung der Stromverdrängung, ferner durch dielektrische Verluste der Kapazitäten C_e und C_s, durch Eisenverluste und durch Ausstrahlung bei hohen Frequenzen. Bei Laboratoriumsversuchen ist auch der Widerstand des Außenkreises nicht zu vernachlässigen, über welchen sich der Schwingstrom ja schließen muß.

Die Dämpfungsziffer steigt annähernd mit dem Quadrat der Ordnungszahl. Die höheren Oberwellen klingen also wesentlich schneller ab als die Grundwelle (vgl. Abb. 86). Wicklungen für kleine Leistungen, z. B. auch Spannungswandler, zeigen eine viel stärkere Dämpfung als solche mit größerem Kupferquerschnitt.

4. Beanspruchung der Isolation.

Aus dem Verlauf von AV und EV lassen sich leicht Schlüsse auf die Punkte höchster Beanspruchung ziehen.

a) Spannungen gegen Erde.

Im Augenblick des Auftreffens des Stoßes führt in jedem Falle die getroffene Klemme das höchste Potential gegen Erde. Im Verlauf des Einschwingvorganges können jedoch andere Punkte noch höhere Potentiale erhalten. Die Einhüllende dieser nicht notwendig gleichzeitigen Werte ist in Abb. 85a und b mit H bezeichnet. — Oberwellen, die in der AV in Gegenphase lagen, können sich später gleichsinnig addieren (z. B. die erste und dritte nach einer Halbperiode der ersten).

Ist das Wicklungsende isoliert, so tritt dort die höchste Spannung gegen Erde auf (Abb. 85b). Sie erreicht bei schwacher Dämpfung bis zu 230% der Klemmenstoßspannung, bei kurzer Stoßdauer entsprechend weniger (Abb. 57).

b) Windungs- und Spulenspannungen.

Während der Ausgleichvorgänge können auch sehr nahe benachbarte Wicklungspunkte hohe Spannungsdifferenzen haben. Ein Maß hierfür ist die Steilheit der Spannungsverteilung entlang der Wicklung. Im ersten Augenblick liegt die größte Steilheit fast stets in der Nähe der gestoßenen Klemme. Auf die ersten 5% der Wicklungslänge können 50—60% der gesamten Stoßspannung entfallen (vgl. Abb. 87). Später verschiebt sich der Ort der höchsten Längsbeanspruchung ins Innere der Wicklung und auch in unmittelbarer Nähe der geerdeten Klemme sind erhebliche Windungsspannungen zu erwarten, wie der steile Verlauf der Kurve H in Abb. 85a zeigt.

c) Isolationsabstufung.

Eine Ersparnis an Isolation gegen Erde ist bei geerdetem Wicklungsende nur im letzten Drittel der Wicklung möglich, wovon in der amerikanischen Praxis teilweise Gebrauch gemacht wird. Bei isoliertem Nullpunkt dagegen ist es schon lange üblich, die ganze Wicklung gleich fest gegen Erde zu bauen und u. U. sogar einen Überspannungsschutz am Sternpunkt zu verwenden.

Eine besonders verstärkte Windungs-Isolation wird vielfach am Wicklungseingang benutzt. Diese Maßnahme hat aber nur dann einigen Wert, wenn die gegenseitigen Windungskapazitäten c_s dadurch nicht gleichzeitig verringert werden. Andernfalls wird die AV noch steiler und erhält an der Übergangsstelle zur normal isolierten Wicklung sogar einen Knick, in dessen Umgebung zusätzliche sehr hochfrequente Schwingungen mit Amplituden bis 40% der Klemmenspannung auftreten. Man geht daher immer mehr zu einer gleichmäßigen Windungsisolation über und versucht lieber, durch kapazitive Steuerung die AV weniger steil zu machen.

5. Einfluß der Stoßform.

a) Stoßhöhe.

Die Vorgänge innerhalb der Wicklung sind bei gleicher Stoßform der absoluten Spannungshöhe an der Klemme genau proportional. Eine Abweichung könnte nur durch Sättigung des Eisens eintreten. Da aber in den meisten Fällen die Feldlinien nur zum geringsten Teil im Eisen verlaufen (Ausnahme: Nullpunktschwingung bei offener Sekundärwicklung) und die Frequenz hoch ist, kommt Sättigung nicht vor. — Schutzeinrichtungen, welche allein die Höhe der Klemmenüberspannung herabsetzen, verringern daher in gleichem Maße sämtliche Beanspruchungen zwischen den Windungen und Spulen und gegen Erde.

b) Stirnlänge.

Mit wachsender Stirnlänge tritt zwar eine Verringerung der Windungsspannungen ein; sie ist aber bei weitem nicht proportional der Stirnverlängerung. Um die Windungsspannungen z. B. auf die Hälfte herabzusetzen, muß die Stirnlänge je nach Bauart des Transformators auf 10 bis 50 μs verlängert werden. Dies ist im allgemeinen mittels Drosselspulen und ähnlichen Gebilden im Zug der Leitung nicht möglich, wohl aber mit Kondensatoren.

c) Rückenlänge.

Je kürzer der Wellenrücken, um so niedriger werden die örtlichen Spannungen gegen Erde, da das Überschwingen insbesondere der Grundwelle erst zu einem Zeitpunkt erfolgt, wo die Klemmenspannung selbst schon wieder einen niedrigen Wert erreicht hat (vgl. auch Abb. 57). Die Windungsspannungen werden dadurch jedoch nur wenig beeinflußt.

d) Abgeschnittener Stoß.

Durch einen Überschlag an der Klemme bricht die Stoßspannung sehr steil auf Null zusammen. Die Wirkung auf die Wicklung kann als die Überlagerung eines positiven und eines nachfolgenden negativen Stoßes aufgefaßt werden. Je nachdem, in welchem Augenblick dieser erfolgt (Abb. 89), wird er einzelne Oberschwingungen verstärken oder schwächen. Die neue EV fällt mit der waagrechten Achse zusammen, so daß nun auch hohe negative Spannungswerte auftreten. Die Beanspruchungen selbst werden jedoch im allgemeinen nicht höher als beim ersten, ungestörten Stoß.

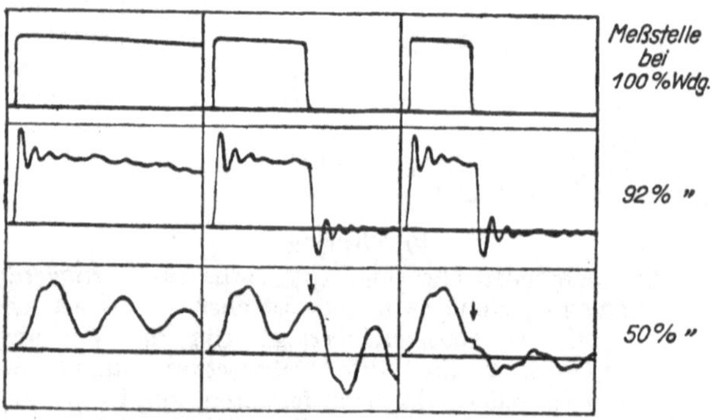

Abb. 89. Beispiel der Wirkung eines Klemmenüberschlages (abgeschnittener Stoß).

6. Dreiphasige Wicklungen.

Bisher wurden nur einphasige Zylinderspulen vorausgesetzt. Für den dreiphasigen Transformator mit geerdetem Sternpunkt gilt das bisher Gesagte für jede einzelne Phase genau so, da hier die drei Schenkel voneinander unabhängig sind. — Bei dreiphasigen Transformator mit isoliertem Sternpunkt hat man zwei Fälle, den einpoligen und den dreipoligen Stoß, zu unterscheiden.

a) Einpoliger Stoß.

Der Stoß erfolgt nur auf einer Phase, die beiden andern Klemmen sind geerdet. Dieser Fall tritt dann ein, wenn die Überspannung von einem direkten Einschlag in eine Phase herrührt. Die beiden andern sind dann zwar nicht direkt, sondern über den Wellenwiderstand ihrer angeschlossenen Leitungen geerdet, doch ist dieser gegenüber den kapazitiven Widerständen der Wicklung auch bei Stößen von großer Steilheit zu vernachlässigen. Der dem gestoßenen Schenkel zugeführte Ladestrom teilt sich am Sternpunkt. Die AV und EV erhalten hier einen Knick, ihre Neigungen sind jenseits des Sternpunktes nur mehr halb so groß wie vor dem Sternpunkt.

b) Dreipoliger Stoß.

Bei induzierten Überspannungen erhält jede der 3 Phasen einen gleichen Stoß im gleichen Augenblick. Man hat also hier nur eine Überlagerung der Wirkungen jedes Stoßes nach Fall a) vorzunehmen und erhält das Ergebnis, daß der Anfangssprung am Sternpunkt den dreifachen Wert hat wie im Fall a).

Ist der Transformator auf der gestoßenen Seite in Dreieck geschaltet, so erhält man durch ähnliche Überlegungen im Fall a) gleiche Beanspruchungen auf 2 Schenkel, beim dreipoligen Stoß (Fall b) jedoch auf allen Schenkeln eine in bezug auf die Wicklungslänge symmetrische Verteilung. Die wichtigsten der aufgezählten Fälle sind in Abb. 90 schematisch zusammengestellt.

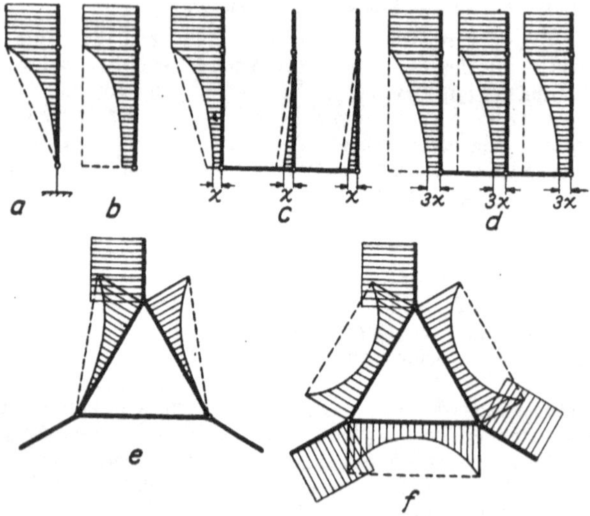

Abb. 90. Anfangs- und Endverteilungen der dreiphasigen Wicklung: a) einphasig, geerdet, b) einphasig, isoliert, c) Sternschaltung, einpoliger Stoß, d) Sternschaltung, dreipoliger Stoß, e) Dreieckschaltung, einpoliger Stoß, f) Dreieckschaltung, dreipoliger Stoß.

7. Einfluß der Sekundärwicklung.

Die Vorgänge in der vom Stoß getroffenen Wicklung können sich in der Sekundärwicklung (SW) auf dreifache Art geltend machen.

Die plötzliche Aufladung der Primärwicklung (PW) auf ihre Anfangsverteilung hat infolge kapazitiver Kopplung auch eine bestimmte kapazitive AV in der SW zur Folge, so daß sich auch hier Ausgleichschwingungen einstellen. Diese verlaufen aber relativ harmlos, weil die Klemmen der SW durch die Wellenwiderstände der angeschlossenen Leitungen oder durch die Kapazität der Sammelschienen praktisch auf Nullpotential gehalten werden. Resonanz mit den primären Schwingungen ist nicht zu erwarten, da die SW meist ein ganz anderes Frequenzgebiet hat.

Die durch induktive Kopplung übertragenen Spannungen sind durch kapazitive Belastung der Sekundärklemmen nicht ohne weiteres zu beseitigen. Sie sind proportional dem Übersetzungsverhältnis, unter Berücksichtigung des Kopplungsfaktors. Hält also die Hochspannungswicklung die Überspannung aus, so gilt dies bestimmt auch von der Unterspannungsseite, welche ja relativ stärker isoliert ist.

Die SW kann jedoch in gewissen Fällen auch ihrerseits auf die Vorgänge in der PW rückwirken, nämlich dann, wenn sie Gegenamperewindungen aufbringen kann. Hierdurch wird der Fluß in den Streukanal gedrückt, die Induktivität wird kleiner und die Schwingungen der Primärwicklung werden schneller. Dies ist bezüglich der ungeradzahligen Oberschwingungen der PW, also bei dreipoligem Stoß, möglich, wenn die SW in Dreieck geschaltet ist. Eine beliebige Belastung der SW bis zum Klemmenkurzschluß ändert hieran nichts.

Bei Sternschaltung der SW ist dagegen die Bildung von Gegen-AW nicht möglich, und zwar weder bei offenen noch bei kurzgeschlossenen SW-Klemmen.

8. Schwingungsfreie Wicklungen.

In den letzten Jahren wurden Wicklungsanordnungen bekannt, die durch ihren Aufbau allein schon eine bedeutende Verringerung der inneren Beanspruchung bewirken. Sie zielen sämtlich darauf hin, durch eine kapazitive Steuerung der Wicklungselemente der AV und EV den gleichen linearen Verlauf zu geben. Fallen nämlich beide genau zusammen, so wird ihre Differenzfläche Null, die Veranlassung zu Ausgleichschwingungen fällt fort und die Beanspruchung entlang der Wicklung wird damit ein Minimum, indem z. B. auf je 1% der Wicklung überall auch nur 1% der Stoßspannung entfällt.

In diesem Sinne wirkt schon in gewissem Maße der „Sprungwellenring". Er vergleichmäßigt die Spannungsverteilung in den ersten Windungen, ja sogar in den ersten Spulen und setzt ihre Beanspruchung tatsächlich herab. Außerdem erhöht er durch seine Umwicklung mit Isolierbändern die elektrische Festigkeit zwischen Wicklungsanfang und Sekundärwicklung wie auch gegen das Joch.

Weitere Maßnahmen zur Erzielung einer linearen Anfangsverteilung ergeben sich aus der Überlegung, daß nur die verteilten Erdkapazitäten c_e (Abb. 85) die Abweichung der AV von der Geraden verursachen, während die c_s für sich allein eine geradlinige Aufteilung sichern würden. Hiernach kann man folgende Wege unterscheiden:

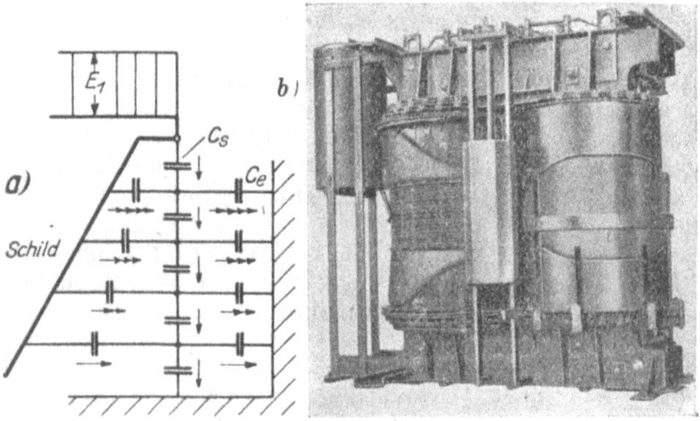

Abb. 91. Geschildeter Transformator der GE. a) Kapazitives Ersatzbild. b) Ansicht eines geschildeten 2-Schenkel-Kernes.

a) Vergrößerung der c_s durch Anwendung sehr breiter Scheibenspulen. Die c_e werden gleichzeitig etwas kleiner (z. B. Westinghouse).

b) Steuerung der Wicklung durch konzentierte Kondensatoren von abgestufter Größe. Nachteil: Die Wicklung muß an vielen Stellen angezapft werden; die Kondensatoren tragen auch nicht zur Erhöhung der Betriebssicherheit bei, daher praktisch nicht ausgeführt.

c) Zuführung der zur Aufladung der c_e nötigen Ströme von außen her mittels eines an die Klemme angeschlossenen metallischen Schildes (Abb. 91), dessen Kapazität gegen die

Wicklung in genau berechnetem Maße nach unten hin stetig abnimmt. Hierdurch wird der die Wicklung der Länge nach durchsetzende Kapazitätsstrom überall gleich groß und daher die Spannungsaufteilung geradlinig. Diese Bauart der General Electric Co. ist in den USA mehrfach ausgeführt, jedoch nicht ohne weiteres von Einphasen- auf Dreiphasenkerne zu übertragen. Sie ist auch aus wirtschaftlichen Gründen auf Einheiten hoher Leistung und Spannung beschränkt.

d) Der „Rippenschild“ ist eine Abänderung von c) durch Aufteilung in mehrere kleine Schilde, bestehend aus isolierten,

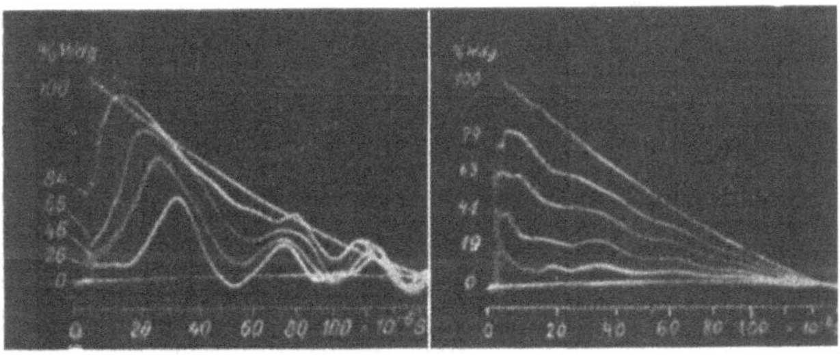

Abb. 92. Spannungsverlauf entlang der Wicklung je eines 50 kV-Transformators, links Wicklung aus Scheibenspulen, rechts schwingungsfreie Wicklung.

einseitig offenen Windungen, die an passende Punkte der Wicklung angeschlossen sind.

e) Vollständige Abschirmung der c_e durch beiderseitiges Einhüllen der gesamten Wicklung in metallische Zylinder mit Klemmenpotential. Dieser Vorschlag der SSW wurde bisher aus wirtschaftlichen Gründen nicht praktisch ausgeführt.

f) Starke Vergrößerung der c_s und Zusammenfassung der c_e an einem Schenkelende durch eine selbststeuernde Lagenwicklung („Schwingungsfreie Wicklungen“ der AEG). Hierbei wird also durch die Anordnung der Wicklung allein die gewünschte Steuerung erzielt (Abb. 92). Die Anordnung ist anwendbar für ein- und mehrphasige Wicklungen und für beliebige Spannungen und Leistungen.

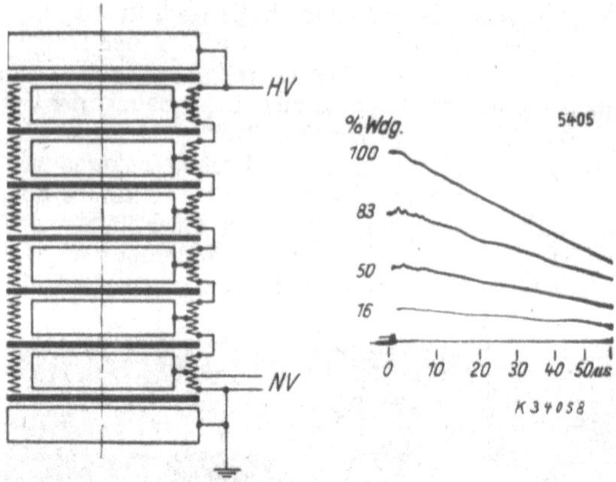

Abb. 93. Spannungswandler mit gesteuerten Kernpaketen (AEG).

g) Vergrößerung der c_s, Verringerung der c_e durch Aufteilung des Eisenkernes in einzelne, voneinander isolierte Stümpfe mit steigendem Potential. Die einzelnen Kernstümpfe sind mit entsprechenden Punkten der Wicklung verbunden (Abb. 93) und besitzen gegeneinander eine große Kapazität. Anwendung bei Wicklungen mit offenem Eisenkern.

H. Stoßvorgänge in Maschinenwicklungen.

Die Ausgleichvorgänge in Maschinenwicklungen sind bis jetzt weniger erforscht als die in Transformatoren, da sie ungleich verwickelter als diese und der Rechnung noch weniger zugänglich sind. Durch die mannigfachen Wicklungsarten ergibt sich zudem eine unübersichtliche Vielgestaltigkeit der Vorgänge, die nur wenige allgemeine und übertragbare Voraussagen erlaubt.

Kennzeichnend für die Maschinenwicklung sind — im Gegensatz zum Transformator — die überwiegende Erdkapazität und die Unstetigkeiten in der Kette der Windungskapazitäten an den Übergängen von Spule zu Spule. Beides zusammen bewirkt, daß die M.-Wicklung weit mehr einem leitungsähnlichen Gebilde gleicht als die Tr.-Wicklung. Es hat daher hier eher einen Sinn, von einem Wellenwiderstand Z und einer Wellengeschwindigkeit v zu sprechen. Beide erweisen sich als veränderlich entlang der Wicklung; besonders groß sind die Unterschiede innerhalb der Nuten bzw. in den Wickelköpfen.

Folgende mittlere Werte sind an verschiedenen Maschinen gemessen worden:

Tafel 4.

U(kV)	N(kVA)	Phasen	Z Ohm/Phase	v km/s	
12,8	25000	3	365	33 500	Calvert
24		3	1000	39000	Boehme
6,6		3	800		
2,2	klein	3	685		
0,5	34	1	942	94000	Neuhaus u. Striegel

Übereinstimmend wird festgestellt, daß auch bei Maschinen das Eisen keinen nennenswerten Einfluß durch mögliche Sättigungserscheinungen ausübt. Die Vorgänge ändern sich kaum, wenn der Läufer in verschiedene Stellungen gebracht oder gar entfernt wird. Die 3 Phasen üben aufeinander keine merkliche Rückwirkung aus, außer wenn verschiedene Phasen in der gleichen Nut liegen.

Das Eindringen einer Welle in eine Phase einer 25000 kVA-Maschine (s. obige Tafel 4) zeigen die Abb. 94 und 95. Die angeschriebenen Zahlen sind die Zeiten in Mikrosekunden, gezählt vom Eintreffen der Welle an der Klemme. Daraus ist folgendes zu erkennen:

Die Spannung gegen Erde (Gehäuse) ist bei offenem Wicklungsende an diesem höher als an der Klemme. Ist das Wicklungsende direkt oder über Widerstände geerdet, so nimmt die Beanspruchung der Isolation gegen Erde zum Wicklungsende hin ab.

Die Windungsisolation ist in den Anfangswindungen am

stärksten beansprucht. Die Windungsspannungen innerhalb einer Nut in einem bestimmten Augenblick sind nicht gleich groß, sondern können sich im Verhältnis 1 : 2 voneinander

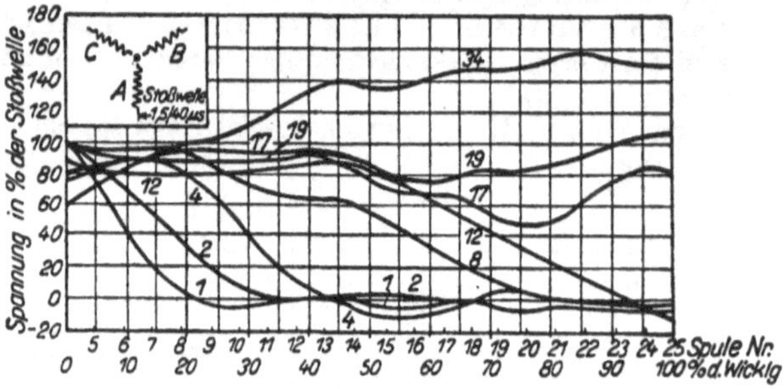

Abb. 94. Eindringen einer Wanderwelle in eine Phase einer Maschinenwicklung mit offenem Sternpunkt.

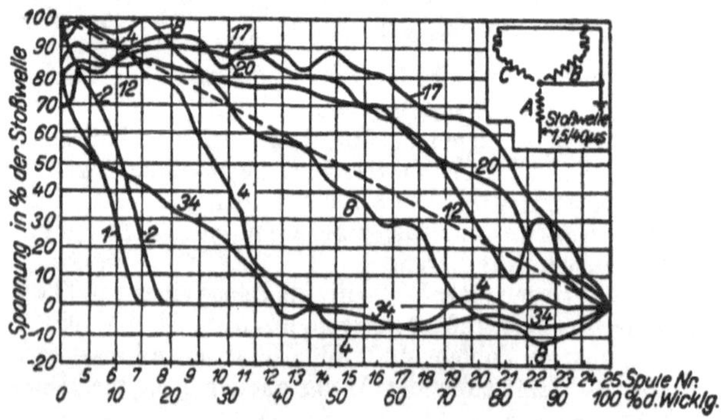

Abb. 95. Eindringen einer Wanderwelle in eine Phase einer Maschinenwicklung mit geerdetem Sternpunkt

unterscheiden. Die Steilheit der Welle nimmt aber entlang der Wicklung rasch ab. Ihr Wert am Wicklungseingang kann von den Erdungsverhältnissen am andern Ende stark abhängen, wenn die Windungskapazitäten groß sind.

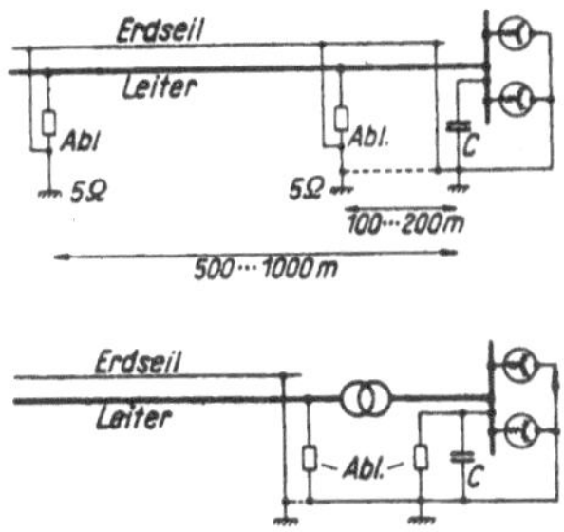

Abb. 96. Überspannungsschutz für Generatoren, oben: bei direktem Anschluß an eine Freileitung, unten: bei Anschluß über einen Transformator.

Der Überspannungsschutz von Maschinen, insbesondere solchen, die direkt an ein Freileitungsnetz angeschlossen sind, erfordert besondere Maßnahmen. Insbesondere ist eine Verringerung der Steilheit nötig, wozu am besten Kondensatoren geeignet sind. Zur Herabsetzung der Spannungshöhe dienen Ableiter, zur Vermeidung direkter Blitzeinschläge Erdseile. Hiermit erhält man Schutzanordnungen wie in Abb. 96 dargestellt.

Für die erforderliche Größe der Kondensatoren werden sehr verschiedene Werte angegeben, je nachdem, ob nur eine Verflachung oder außerdem noch eine Spannungsherabsetzung erzielt werden soll:

Tafel 5.

U(kV)	$C(\mu F$ je Phase) von[1])	bis[2])
$\leqq$ 1	1,0	2,0
3	0,15	1,2
6	0,15	0,5
$\geqq$ 10	0,075	0,5

[1]) Nach Neuhaus und Striegel.
[2]) Nach amerik. Angaben.

Drosselspulen sind als Schutz nicht nur ungeeignet, sondern ergeben sogar Spannungserhöhungen an der Klemme bis zu 330% der anlaufenden Welle. Wo Induktivitäten vor der Maschine nicht zu vermeiden sind (Relaisspulen, Stromwandler), sind sie unbedingt durch Widerstände, zweckmäßig solche mit starker Spannungsabhängigkeit, zu überbrücken. Dasselbe gilt für das Zusammenwirken von vorgeschalteten Induktivitäten mit den Schutzkondensatoren.

I. Sprungwellen- und Stoßprüfung von Wicklungen.

Die Sprungwellenprobe nach RET (VDE 0532), die nach Abb. 97 als Stückprüfung auszuführen ist, ist nur als eine Erprobung der Windungs- und Spulenisolation gedacht und hat nichts mit der Hauptisolation zwischen Wicklung und Erde zu tun. Sie soll ohne großen Kosten- und Zeitaufwand im Prüffeld als Massenprüfung ausgeführt werden. Die notwendige Forderung nach sicherer Erkennung eines bei der Prüfung eingetretenen Fehlers wird bei dieser Probe dadurch erfüllt, daß der Transformator während ihrer ganzen Dauer (10 Sek.-Funkenspiel) stets unter einer dem 1,3fachen Wert seiner normalen Spannung entsprechenden Erregung steht.

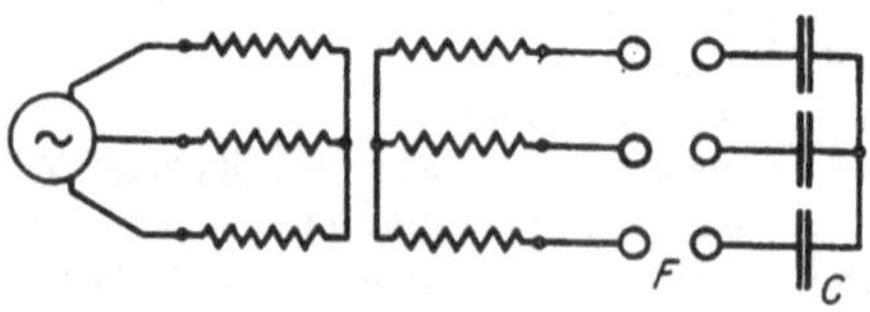

Abb. 97. Sprungwellenprobe nach RET (VDE 0532, § 48).

Kurzgeschlossene Windungen machen sich durch erhöhte Stromaufnahme und hohe örtliche Erhitzung sofort bemerkbar.

Die Vorgänge bei der Sprungwellenprüfung sind durch die Überlagerung der Wirkung der drei Phasen ziemlich verwickelt. Dazu kommt, daß durch die vorgeschriebene gleichzeitige Beblasung der Funkenstrecken die Funken zu verschiedenen Zeiten abreißen, so daß Restladungen auf den Kondensatoren zurückbleiben, welche wieder die nachfolgende Zündung beeinflussen. Die Sprungwellenprüfung ergibt daher Beanspruchungen, die denjenigen beim Auftreten von Gewitterüberspannungen nicht unmittelbar ähnlich sind. Durch eine mehr als 20jährige Erfahrung ist jedoch ihre praktische Brauchbarkeit für den Transformatorenbau erwiesen.

Die Stoßprüfung soll demgegenüber als eine nur in besonderen Fällen ausgeführte Typenprüfung die Beanspruchung der Wicklung durch Gewitterüberspannungen möglichst genau nachahmen. Die hierzu benutzten Schaltungen unterscheiden sich einerseits nach der Schaltgruppe des Transformators, anderseits nach den beiden wichtigsten Arten der Stoßbeanspruchung, nämlich dem 1poligen und 3poligen Stoß (vgl. Abschn. G 6).

Für den 1poligen Stoß auf die Klemme U eines Transformators, z. B. der Schaltgruppe $C2$, zeigt Abb. 98 die vollständige Schaltung.

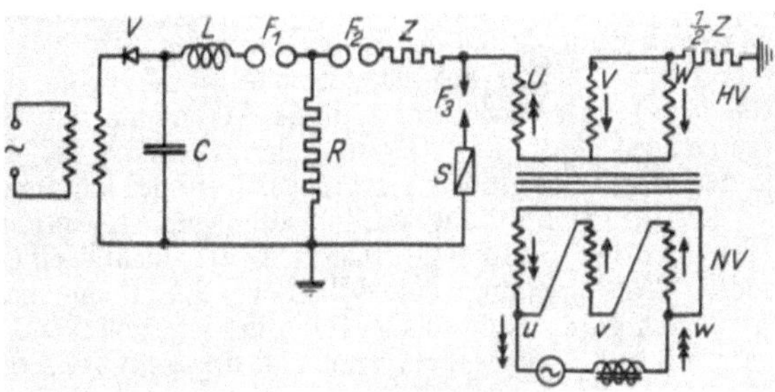

Abb. 98. Stoßprüfung eines Transformators der Schaltgruppe C 2 mit 1poligem Stoß bei gleichzeitiger Erregung mit Netzfrequenz.

Der Stoßkreis besteht aus dem über ein Ventil V aufgeladenen Stoßgenerator C, der sich über L und F_1 auf den Widerstand R entlädt. C, L und R werden für die gewünschte Wellenform, meist 1|50 μs, bemessen (vgl. Abschn. C 4), wobei C möglichst groß, R möglichst klein sein soll, um Rückwirkungen der Wicklungsschwingungen auf die Stoßform zu vermeiden. — Die Stoßhöhe kann bis zum Überschlag der Durchführung oder der Begrenzungsfunkenstrecke F_3 gesteigert werden, die in Reihe mit einer Hochspannungssicherung S liegt. Um R nicht dauernd zu belasten, ist er durch F_2 vom Trf. abgetrennt. — Der Stoß, dessen Form dem Spannungsverlauf an R entspricht, wird der Klemme U über den Wellenwiderstand $Z = 500$ Ohm aufgedrückt. Die Klemmen V und W werden kurzgeschlossen und über $\frac{1}{2}Z$ geerdet, um die Wirkung der abgehenden Leitungen zu ersetzen. Freilich ist der Einfluß dieses Widerstandes meist so gering, daß er gleich Null gemacht werden kann.

Wegen des Kurzschlusses von V und W muß einphasig erregt und dabei auf die richtige Ausbildung des magnetischen Flusses je nach der Schaltgruppe geachtet werden. In dem Augenblick, wo F_2 zündet, beginnt ein Strom von Netzfrequenz über Z und R nach Erde zu fließen. Durch eine Drossel im Erregerkreis und Luftbeblasung von F_2 kann er begrenzt bzw. gelöscht werden.

Wicklungsfehler und Durchschläge nach Erde können aus der Zunahme des Primärstromes oder an Veränderungen in der mit dem Kathodenstrahl-Oszillographen beobachteten Stoßwelle erkannt werden. Dem gleichen Zweck dient die Abhörung von Geräuschen mittels ins Öl eingeführter Mikrophone aus Isolierstoff und die Beobachtung des Ölspiegels (bei angehobenem Deckel) auf aufsteigende Blasen. Alle diese Mittel lassen aber keine einwandfreie Erkennung von Teildurchschlägen und „Punktierung" der Wicklung zu. Deshalb und wegen des großen Schaltungsaufwandes konnte sich diese Art der Stoßprüfung noch nicht allgemein einführen.

Der 3polige Stoß (vgl. Abschn. G 6) bedeutet eine besondere Beanspruchung der Wicklung durch die hohen Spannungen gegen Erde in der Nähe des Sternpunktes. Die Windungs- und Spulenspannungen sind dagegen meist gleich groß, stellenweise sogar niedriger als bei 1poligem Stoß.

Der 3polige Stoß wird den drei miteinander verbundenen Klemmen zugleich aufgedrückt. Soll nun gleichzeitig von der Sekundärseite aus erregt werden, so muß der Sternpunkt der gestoßenen Wicklung aufgetrennt werden. Ist sie in Dreieck geschaltet, so sind die Dreieckverbindungen zu entfernen. Man verzichtet daher beim dreipoligen Stoß aus praktischen Gründen meist auf die zusätzliche Erregung.

Sachverzeichnis.

MIX
Papier | Fördert
gute Waldnutzung
FSC® C083411

Zeitfracht Medien GmbH
Ferdinand-Jühlke-Straße 7
99095 Erfurt, Deutschland
produktsicherheit@kolibri360.de